好命女人靠养

告别 皮肤油腻

做清爽的小女人

熊瑛 主编

U0337529

黑 龙 江 出 版 集 团
黑龙江科学技术出版社

图书在版编目（CIP）数据

告别皮肤油腻，做清爽的小女人/熊瑛主编. --哈
尔滨:黑龙江科学技术出版社,2016.11
　ISBN 978-7-5388-9044-0

　Ⅰ. ①告… Ⅱ. ①熊… Ⅲ. ①女性－皮肤－护理－基
本知识 Ⅳ. ①TS974.1

中国版本图书馆CIP数据核字(2016)第231703号

告别皮肤油腻，做清爽的小女人

GAOBIE PIFU YOUNI, ZUO QINGSHUANG DE XIAONÜREN

主　　编　熊　瑛
责任编辑　刘　杨
摄影摄像　深圳市金版文化发展股份有限公司
策划编辑　深圳市金版文化发展股份有限公司
封面设计　深圳市金版文化发展股份有限公司
出　　版　黑龙江科学技术出版社
　　　　　地址：哈尔滨市南岗区建设街41号　　邮编：150001
　　　　　电话：（0451）53642106　传真：（0451）53642143
　　　　　网址：www.lkcbs.cn　www.lkpub.cn
发　　行　全国新华书店
印　　刷　深圳市雅佳图印刷有限公司
开　　本　723 mm×1020 mm　1/16
印　　张　10.5
字　　数　120千字
版　　次　2016年11月第1版
印　　次　2016年11月第1次印刷
书　　号　ISBN 978-7-5388-9044-0
定　　价　29.80元

　　每个女人都爱漂亮，都希望自己拥有纯天然的好肌肤，而不是靠化妆得来的。容貌天生，但女性可以努力保持皮肤洁净清爽嫩滑，展现出最美的自己。

　　随着年龄渐长，有三个生理时期，女性的皮肤很容易显得油腻。一是激素剧增的青春期；二是激素高水平的青年期；三是激素水平起伏较大的更年期。所以，我们很容易见到中学生长青春痘、皮肤发油；上班族，脸上鼻区油光发亮，时不时冒出一些痘疹；临近退休女性，脾气大、脸发红、皮肤稍油。

　　在这三个生理阶段，若皮肤非常油，刚洗完脸，不到半天，甚至不到一小时，又变得油腻黏滞，那肯定是有问题的。除了这三个生理时期外，皮肤仍显得较油腻，也表示体内气血阴阳失调，需要调养身体。

　　比起喜欢吃素、吃蔬果、吃家常菜者，喜爱吃肉、吃重口味食物、经常下饭馆的女性，皮肤更容易显得油腻。比起作息有规律者，经常熬夜、作息颠倒、出差的女性，皮肤更容易出现倦容，显得暗沉、垢多。比起爱喝水者，老是忙得没有空喝水或者懒得喝水的女性，皮肤更容易干渴、出油。比起有规律锻炼者，平时宅在家里的人，更容易虚胖，体内湿毒堆积，皮肤显油。比起整天坐办公室者，经常在太阳底下暴晒、露天工作的女性，皮肤更黑、更油。比起小乡镇工作者，大城市工作的女性，压力大、空气质量差、起居环境不够好，皮肤显然不那么好，容易发油、浮妆。比起温柔沉稳者，脾气急躁烦闷的女性，通常油光满面、痘痘横生。比起从小身体素质好者，脾肾亏虚、容易生病的人，更容易内分泌失调，出现内虚外热的疲乏、肤油症状。

　　皮肤油腻与多种因素有关，一定要找到油腻的原因，"对症下药"才能解决问题。跟着本书一起来学习吧，告别油腻，做回清爽小女人。

目录

PART **3**

皮肤油也缺水，十种控油补水方

目录

PART 4
吃出清爽的脸，让你自信飞扬

目录

PART **5**
中医对证控油祛痘，从内而外改善皮肤

清爽干净的女人
自然明媚动人

爱美之心人皆有之，尤其是女性朋友。女人如果皮肤不够清爽干净，面部和头发经常油腻，甚至满脸痘痘，会给人一种邋遢、油头垢面的印象。本章对皮肤进行了深度讲解，让大家了解不同皮肤的性质和特点，对症下药，从根本上解决皮肤油腻问题。

颜面相关，
何其重要

世界上没有丑女人，只有懒女人。虽然我们常常听说"天生丽质""一白遮百丑"这类的话，但事实上，美丽不仅仅专属于底子好的女人，即使底子再好，如果不懂得保养，美丽很快也会远离你。相反，或许你长得平凡无奇，但只要悉心地保养和调理，你也可以魅力绽放、美丽动人。因此说，女人的美丽是后天炼成的。爱美是女人的天性，没有人会觉得自己已经够美，没有最美，只有更美，想要自己越来越美，就必须要学会保养、学会做美容。说到美容，很多人或许只会联想到护肤品和化妆品。实际上，女人外表的美丽和身体内部的健康是密不可分的。身体健康，气色就会好，情绪就会佳，自然就美丽了。所以，女人的健康是美丽的基础，注重内调外养是打造美丽容颜的不二法宝。

爱美之心，人皆有之。对于女人而言，美丽更是一个长久的追求。自古代起，人们就在追求美丽容颜的道路上开始了自己的探索，并在不断地尝试和实践中得到了许多有益的经验。如今的女性，在追求美丽的过程中，更是不惜花费金钱和精力，付出百般努力，使用前人闻所未闻的药物来攻克各种肌肤问题或推迟更年期，并通过整形手术除去岁月在脸上留下的痕迹。

现代的人们，在追求美丽的道路上不断前行。各种各样的美容产品、方法、知识不断出现，但是人们却愈加迷茫。现代的科学技术和医药水平确实可以达到惊人的效果，但是不论是手术还是药物，其带来的负面作用不容忽视。只有安全有效而无负担地让女性美丽起来，这才是真正的美丽。

细说皮肤，
自测肤质

　　皮肤覆盖全身，是人体面积最大的器官。它能使体内各种组织和器官免受外来压力、化工品、环境和病原微生物等不利因素的侵袭，能防止体内热量、水分、电解质和其他物质丢失，能通过角质层、毛囊、皮脂腺吸收外界物质（经皮吸收、渗透或透入），能通过汗腺、皮脂腺分泌排泄汗液、油脂，起到散热降温、排泄废物、形成脂保护膜、润泽皮肤毛发的作用。皮肤通过神经末梢和特殊感受器，感知触、冷、温、痛、压、痒等各种感觉和调节腺体、血管、肌肉等的收缩，以反射调节保护人体。由此可知皮肤承担着卫外护内、吸收分泌、调节温度、各种感觉等功能。

　　人的皮肤由表皮、真皮和皮下组织三层组成，厚度因人或部位而异，在 0.5 ～ 4.0 毫米。最厚的皮肤在足底部，厚度达 4.0 毫米；眼皮上的皮肤最薄，只有不到 1.0 毫米。皮肤上的附属器官有汗腺、皮脂腺、毛发、指甲、趾甲，内含血管、淋巴管、神经和肌肉等。

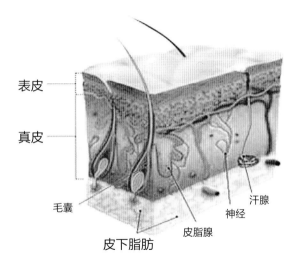

表皮

真皮

毛囊

皮下脂肪

皮脂腺

神经

汗腺

表皮

从生理结构来讲，表皮是皮肤的最外一层；从护肤的角度来讲，表皮外面还有一种起保护作用的皮脂膜。表皮平均厚度为 0.2 毫米，由外向内可分为 5 层，从角质层到基底层。

（1）角质层——锁水

角质层含有角蛋白，皮肤上脱落的角质层被称为"死皮"。角质层的细胞无细胞核，若有核残存，称为角化不全。它能抵抗摩擦，防止体液外渗和化学物质内侵。角蛋白吸水力较强，一般含水量不低于 10%，以维持皮肤的柔润，如低于此值，皮肤则干燥，出现鳞屑或皲裂。由于部位不同，其厚度差异甚大，如眼睑、包皮、额部、腹部、肘窝等部位较薄，掌、跖部位最厚。

（2）透明层——屏障

由 2～3 层核已死亡的扁平透明细胞组成，含有角母蛋白。它能防止水分、电解质、化学物质的通过，故又称屏障带。此层于掌、跖部位最明显。

（3）颗粒层

由 2～4 层扁平梭形细胞组成，含有大量嗜碱性透明角质颗粒。颗粒层里的扁平梭形细胞层数增多时，称为粒层肥厚，并常伴有角化过度。颗粒层消失，常伴有角化不全。

（4）棘细胞层

由 4～8 层多角形的棘细胞组成，由下向上渐趋扁平，细胞间借桥粒互相连接，形成所谓细胞间桥。

（5）基底层——生发、色素

又称生发层，此层细胞不断分裂（经常有 3%～5% 的细胞进行分裂），逐渐向上推移、角化、变形，形成表皮其他各层，最后角化脱落。基底细胞间夹杂一种来源于神经嵴的黑色素细胞（又称树枝状细胞），占整个基底细胞的 4%～10%，能产生黑色素（色素颗粒），决定着皮肤颜色的深浅。

真皮

由纤维、基质、细胞构成。接近于表皮之真皮乳头称为乳头层，又称真皮浅层；其下称为网状层，又称真皮深层，两者无严格界限。

（1）纤维

有胶原纤维、弹力纤维、网状纤维三种。

胶原纤维

为真皮的主要成分，约占95%，集合组成束状。在乳头层纤维束较细，排列紧密，走行方向不一，亦不互相交织，是维持皮肤丰满的重要物质。

弹力纤维

在网状层下部较多，多盘绕在胶原纤维束下及皮肤附属器官周围。除赋予皮肤弹性外，也构成皮肤及其附属器的支架。

网状纤维

被认为是未成熟的胶原纤维，它环绕于皮肤附属器及血管周围。在网状层，纤维束较粗，排列较疏松，交织成网状，与皮肤表面平行者较多。由于纤维束呈螺旋状，故有一定伸缩性。

（2）基质

基质是一种无定形的、均匀的胶样物质，充塞于纤维束间及细胞间，为皮肤各种成分提供物质支持，并为物质代谢提供场所。

（3）细胞

主要有以下几种。

成纤维细胞

成纤维细胞能产生胶原纤维、弹力纤维和基质。

组织细胞

组织细胞是网状内皮系统的一个组成部分，具有吞噬微生物、代谢产物、色素颗粒和异物的能力。

肥大细胞

肥大细胞存在于真皮和皮下组织中，以真皮乳头层为最多。其胞浆内的颗粒能贮存和释放组织胺及肝素等。

皮下组织、附属器官

在真皮的下部，由疏松结缔组织和脂肪小叶组成，其下紧临肌膜。皮下组织的厚薄依年龄、性别、部位及营养状态而异。有防止散热、储备能量和抵御外来机械性冲击的功能。

汗腺、皮脂腺、毛发、指（趾）甲，这些附属器官对皮肤的作用是很大的，可以通过它们起到吸收皮表的营养、分泌体内的废物、调控体温、保护皮肤等作用。汗腺位于皮下组织的真皮网状层，可以分泌汗液，调节体温。皮脂腺位于真皮内，可以分泌皮脂，在皮肤上形成一层弱酸性保护膜，抵抗皮肤上菌群的生长、入侵，还是天然的面霜，能润滑皮肤和毛发，锁住水分，防止皮肤干燥。毛发、指（趾）甲保护皮肤、保持和调节体温等。

皮肤里面含有丰富的血管、神经、淋巴管，能通过肌肉调节皮肤及内含器官的收缩。表皮无血管，真皮层及以下有，所以皮肤出血都有损伤到真皮层。淋巴管是辅助循环系统，可阻止微生物和异物的入侵。

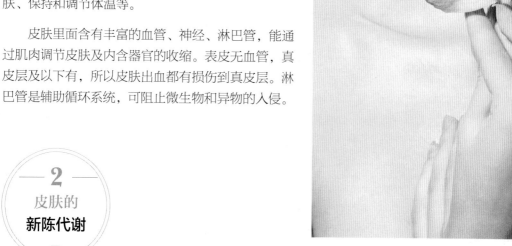

—2—
皮肤的
新陈代谢

表皮更新换代，自基底细胞分裂后至脱落，一般认为是 28 日，其中自基底细胞分裂后到颗粒层最上层为 14 日，形成角质层到最后脱落为 14 日。

真皮层和表皮层不一样，新陈代谢非常缓慢，自我更新修复的能力很弱，所以一旦真皮层受伤的话，容易留疤痕，极难复原。小时候受伤留下的疤痕即使几十年过去了，依然看得见，这就是由于当时伤及真皮层而导致的。任何真皮层的受损都会日积月累地留下痕迹，因此，对于真皮层的保养，预防比维护更为重要。

皮肤每时每刻都在进行新陈代谢，但在每晚 10：00 到凌晨 2：00 最为活跃。随着人的衰老，皮肤新生细胞的速度会减慢，新陈代谢也会减慢，表皮代谢周期渐渐延长到 60 天，真皮层的纤维发生萎缩、断裂，弹力减弱，皮脂腺和汗腺的分泌减少，皮下脂肪减少，皮肤变得松弛，于是皮肤就出现老年特征了。

每个人都遇到过自己皮肤出油的情况，油腻的皮肤总带给你不适的感觉，当然油性皮肤或混合性皮肤的人感受可能会更深，因为他们的皮肤时常处于油腻的状态。

油性皮肤

油脂分泌旺盛、鼻区部位油光明显、毛孔粗大、常有黑头，皮质厚硬不光滑、皮纹较深、外观暗黄、肤色较深，皮肤偏碱性、弹性较佳，不易起皱纹、衰老，对外界刺激不敏感。皮肤易吸收紫外线而变黑，易脱妆，易产生粉刺、暗疮。

干性皮肤

皮肤水分、油分、pH 值均不正常，干燥、粗糙，缺乏弹性，毛孔细小，脸部皮肤较薄、易敏感。面部肌肤暗沉，易破裂、起皮屑、长斑，不易上妆，但外观较干净，皮丘平坦，皮沟呈直线走向，浅乱而广。皮肤松弛，容易产生皱纹和老化。

敏感性皮肤

皮肤较敏感，皮脂膜薄，皮肤自身保护能力较弱，皮肤易出现红、肿、刺、痒、痛和脱皮、脱水现象。

中性皮肤

水分、油分、皮肤 pH 值适中，皮肤光滑细嫩柔软，富于弹性，红润而有光泽，毛孔细小，纹路排列整齐，皮沟纵横走向，是最理想的皮肤。多出现在小孩中，以 10 岁以下发育前的少女为多。这种皮肤一般炎夏易偏油，冬季易偏干。

混合性皮肤——一般女性皮肤

一种皮肤呈现出两种或两种以上的外观（同时具有油性和干性皮肤的特征）。多见为面孔鼻区部位易出油，其余部分则干燥，并时有粉刺发生，80% 的女性都是混合性皮肤。混合性皮肤多发生于 20 ~ 39 岁之间。

追查皮肤油腻的"元凶"

皮肤在最外面保护人体，接触着周围的一切，也受着体内的支撑供养，所以皮肤油腻有内因，也有外因，还有先天体质的原因。要想有效地解决油腻问题，首先要找准原因，不仅去油治标，还要解除病因。

（1）内分泌

各种影响着体内激素水平、导致雄激素升高、刺激皮脂腺分泌的神经内分泌组织器官病变，如多囊卵巢综合征，都会使皮肤变油。因男性雄激素高于女性，所以一般男性皮肤比女性皮肤偏油，肤质较粗硬。

（2）遗传

的确，肤质是会遗传的。如果父母都是油性肤质，那你的肤质也很有可能是油性的，先天皮脂腺发达，分泌功能旺盛。另外，长期在相同的饮食习惯下生活，父母、兄弟姐妹的肤质通常都会很相似。

（3）年龄

儿童发育期性激素少，皮脂分泌量就较少；青春期性逐渐成熟，性激素快速升高，皮肤渐渐能见到油光；成熟期，性激素稳定在较高水平，皮肤最容易油；中老年期，性激素逐渐减少，皮肤衰老，容易干燥、变皱。所以女人青春期、成熟期即14～35岁，皮肤容易油，是正常生理原因导致，若见头面油光可鉴、长痘、毛孔粗大等过于油腻现象，则属于不正常。

（4）环境温度、湿度、净度

气温高时，皮肤水分蒸发较多，出汗散热、体内失水较多，需分泌更多皮脂以滋润肌肤、减少皮肤失水，所以夏季皮肤多油腻，冬季皮肤偏于干燥。而环境湿度大时，皮肤表面的水含量也较高，皮肤得到有效滋润，会减少皮脂的分泌。在雾霾多、空气质量差的城市中生活和在山清水秀的乡间生活，皮肤的差异很明显。

（5）饮食

油腻性、辛辣刺激性、含酒精高、高糖、高脂、高热量等食物，会导致人体上火燥热，出汗、皮肤发红、血液黏稠、血脂过高，皮肤为热所煎，为排出多余的热量、脂肪，水分丢失多，皮肤得不到足够的水分，使皮脂分泌量增加。特别是夏天，更应该忌口。

（6）过度运动

运动时出汗多、血流快、体液流失，运动量如果过大，身体会缺水，也让肌肤处于"干渴"状态，就间接地刺激了皮脂腺的过度活跃。而青春期过度运动，还会刺激雄激素的分泌，使皮肤受油、热煎熬，容易提前老化，运动员的皮肤早衰就是证明。当然不运动也不行，吃得多消耗少容易导致肥胖、血脂过高、体质差，皮肤也容易油，还是适量运动为宜。

（7）日晒过度

阳光中的紫外线会刺激皮肤，使皮肤受损，在阳光下也会加快皮肤水分的蒸发，使皮肤缺水、缺抗氧化素，反射性分泌更多的油脂。

（8）不规律作息

熬夜、通宵、睡懒觉等不规律作息，经常导致体内阴津亏损、血液黏稠、内分泌紊乱。早上睡觉不吃早餐，一夜缺水的身体继续处于"饥渴"状态，使皮肤得不到足够滋润，皮脂腺被刺激，油脂分泌得更加旺盛。因此，良好的"生物钟"能让你更清爽，只要自制力足够，就能睡出个清秀佳人。

（9）性情、精神状态

人的性情与精神状态会影响体内激素平衡，固有"喜形于色"之说。现在社会生活压力大，人容易烦躁低落，女人的情绪更多变，受心情影响的皮肤问题更严重，不管是油性或干性肤质的人都会受到影响。

（10）皮肤妆饰、清洁、保养

有没有化妆，化妆品质量如何，化妆方式，留妆时间，卸妆是否干净，皮肤卫生情况，皮肤摩擦，皮肤保养等，无论哪个环节没有做好，都会影响到皮肤健康，出现皮肤污垢堆积、皮脂冒出、毛孔扩大、微生物繁殖长痘化脓等现象。

（11）营养缺乏

维生素能促进皮肤细胞新陈代谢、调节皮肤的水油平衡、抗氧化、保护皮肤、抗衰老，有些人使用B族维生素治疗与皮脂分泌异常有关的皮肤病变，如脂溢性皮炎、长痘，有很好的效果。水是很重要的营养素，体内缺水或皮肤缺水都会使皮肤发油。

（12）生活、工作、饮食习惯

长期对着电脑、久坐不动、不爱喝水、偏食挑食、喜冷饮、便秘等，会导致体内热毒堆积、缺水，都对皮肤有伤害，使皮肤容易干燥、发油、变粗糙、长痘。

（13）过劳

劳累过度会损耗体内的气血津液，而房劳过度更伤阴津气血，使皮肤得不到足够的养分，容易发干、出油。

中医浅谈皮肤油腻

哪种体质的皮肤容易油腻

人的体质大致可分为正常、虚性、实性、特殊性、复杂性五种。阴虚体质、阳热体质、痰湿体质、气郁体质、复杂体质的皮肤比较容易出油，以湿热夹杂的体质为甚。

1. 正常体质

身体多健壮，不易生病，皮肤红润、有光泽，不需要特别的清洁养护。

2. 气虚体质

看着懒洋洋的，感觉没力气，皮肤无光泽，一般不油。

3. 血虚体质

肤色白、指甲白、唇色白、缺乏血色，毛发干枯，肌肤不泽，疲乏活力，皮肤一般也不容易出油。

4. 阴虚体质

体内阴液亏虚，导致阳热偏盛，气血瘀结。阴虚失于滋润，使皮肤缺水，而阳热上炎，灼伤皮肤阴津，使皮肤缺水更严重。形体多偏瘦，面色多偏红或颧红，皮肤微油，手足心热，胸闷燥热，舌红少苔。

5. 阳虚体质

形体多肥胖，怕冷，手脚常冰凉，吃凉的东西容易腹中冷痛、腹泻，小便清长，面色青白无华，毛发易脱落，皮肤不容易出油。

6. 阴寒体质

身体比较健康，形体壮实，肌肉紧缩，皮肤紫黑、致密光滑、不油腻，比正常人稍怕冷，手脚也凉，但不会吃点凉的就拉肚子、穿少衣服就感冒。

7. 阳热体质

体格较强健，面色潮红或红黑，有油光，眼红多眼屎，口唇暗红或紫红，舌红苔黄。与体内湿气互结成湿热体质，皮肤更易油，伴身重、便黏。

8. 痰湿体质

体形多肥胖丰腴，肤色白滑，皮肤容易出汗黏腻，口中黏腻不爽，四肢沉重，喜欢吃多盐、肥腻、甜味的食物，舌苔滑腻。

9. 瘀血体质

形体多瘦，毛发易脱落，面色黑或面颊部见红丝赤缕，肤色偏暗无光泽，或见红斑、斑痕，或有肌肤甲错，眼眶暗黑，口干不欲饮水，口唇淡暗或紫，舌质青紫或暗，有瘀点，舌下静脉曲张。

10. 气郁体质

多与情绪相关，女性多见，以肝郁气滞为特征，见少言寡语、心思过重、多愁善感或急躁易怒、口干口苦，胸胁胀满疼痛，心情愉悦时缓解，皮肤可能会有点油。

11. 特禀体质

先天失常，以生理缺陷、变态反应等为主要特征。特禀体质的人，也有正虚、邪实之分，可见其他体质。有些过敏体质的人皮肤抵抗力较弱，容易皮肤损伤。

12. 复杂体质

是指上述两种以上体质兼见，如气虚与痰湿体质混见，见于肥胖之人；气虚与瘀血体质混见，见于老人。若可见热或湿，皮肤就容易显油腻。

中医辨证论治

皮肤油腻，中医认为是由湿、热引起，包括外界环境湿热、体内湿热。若体质虚、抵抗力不强，容易出现复杂症状（复杂体质），这种皮肤油腻比较难调理，需要花的时间也比较长。若体质壮、身体好，抗邪、修复能力强盛，多表现为湿热实证，容易调理，但受外界影响大，容易反复出现皮肤油腻。

中医将皮肤油腻分为热毒内盛、湿热内蕴、气滞血瘀痰凝、肾阴阳失调四种类型。前两种多见于实证，以清为主，补为辅或不补。后两种多虚实夹杂，症候复杂，在调理过程中，症候易变，需随症状辨证治疗。

常见的
油腻皮肤问题

皮肤油腻的人容易长痘，毛孔也比较大，体味比较重。当皮肤还伴随缺水症状时，还会见到脱屑、掉毛、渗液等。以下是常见的油腻皮肤小问题。

（1）痤疮

痤疮，是一种累及毛囊皮脂腺的慢性炎症性疾病，具有一定的损容性，以粉刺、丘疹、脓疱、结节、囊肿、瘢痕为特征。多发生于 15 ~ 30 岁的青年男女，常被称为"青春痘"。皮损好发于面颊、额部，其次是胸背部、肩部，多为对称性分布，常伴有皮脂溢出。痤疮出现的地方是皮脂腺发达之处，主要与皮脂分泌过多、毛囊皮脂腺导管堵塞、细菌感染和炎症反应等诸多因素密切相关。有些人也把痤疮称为粉刺，其实这是不正确的，因为粉刺只是痤疮的一个表现而已。

（2）斑秃

皮肤油腻不仅表现在脸，也表现在头，后期伴随皮肤干燥，容易引起脱发、斑秃。斑秃也称圆形脱发症，是一种常见的局限性脱发，常常是突然一夜之间或渐渐地成片的毛发、长毛或毳毛脱落。脱发区大小不等，一般多呈圆形、椭圆形或不规则形，数目不定。患处皮肤光亮，无炎症现象，但可见毛孔边界清楚。中医认为，多因血虚风盛、肝肾不足或气滞血瘀等所致。

（3）脂溢性皮炎

脂溢性皮炎，又称脂溢性湿疹，是发生在皮脂腺丰富部位的一种慢性、油腻性、丘疹鳞屑性、炎症性皮肤病。本病多发生于青壮年，男性多于女性，并常同时伴发寻常痤疮与酒渣鼻，初生后 3 个月内的婴儿也易见。成人可表现为油性、干性或者混合性，瘙痒、脱屑，红斑较明显，病程缓慢，易复发。可内服 B 族维生素制剂，瘙痒剧烈时可用镇静剂、止痒剂。炎症较重的皮损，可外涂中效或强效糖皮质激素制剂，疗效好，但不宜久用，尤其是在面部。

（4）酒渣鼻

俗称红鼻子，因鼻尖及鼻翼发红，表面油腻发亮，上起反复丘疹、脓疱及毛细血管扩张，表面不平，形似酒渣而得名。可发生于任何年龄，但以30～50岁中年人多见，女性患者占总数的70%～80%，但病情严重者多为男性。它是一种主要发生于面部中央的红斑和毛细血管扩张的慢性炎症性皮肤病，以鼻尖、鼻翼为主，其次为颊部、颏部、前额，呈对称分布。患者多伴有皮脂溢出症，颜面犹如涂脂，皮损可在春季及情绪紧张和疲劳时加重，病程较长，一般无自觉症状，有习惯性便秘的少数人可出现眼部红肿疼痛。毛囊中有螨虫及局部反复感染是发病重要因素。

（5）臭汗症

皮脂、汗液等皮肤分泌物过多，容易形成恶臭。夏天特别明显，腋下等不透气处味道更重。

（6）毛孔粗大

毛孔粗大的原因有很多，皮肤油腻的人，一因油脂分泌旺盛，刺激毛囊皮脂腺的导管，使开口撑大以顺利排出油脂；二因表皮新陈代谢快，死皮生成快，在皮表堆积时，无法如期脱落，容易堵塞毛孔，致使毛孔扩大；三因干燥缺水，角质层干燥，毛孔周围的细胞无法吸满水膨胀起来，毛孔自然就会变得明显；四因皮肤松弛老化，血液循环不顺畅，皮下组织脂肪层变得松弛、缺乏弹性，真皮中的蛋白、透明质酸等合成减少、流失增加，使皮肤失去了支撑而变得逐渐干瘪，毛囊皮脂腺的导管没有了外部的压力，自然就向外扩张而逐渐变大了；五因抽烟、酗酒、熬夜等不良习惯，加速皮肤的衰老，使内分泌失调，毛孔容易变大；六因感染螨虫，把毛孔刺激大了；七因洗护不当，深层清洁将毛孔扩大后没有使用收敛水，涂抹刺激性化妆品、挤痘痘、挤黑头等也会让毛孔变大。

错误的认知做法，
可能让你的皮肤越养越糟

误区 1：晚霜通常都很油腻，不适合油腻的皮肤使用。

若不用晚霜，清洁后的皮肤不够滋润，会反射性刺激皮脂腺分泌，而使用晚霜能有效地抑制油脂分泌。晚间皮脂腺分泌量少，白天的皮肤表面油光就没有那么多，能有效减少头面油腻、痘痘、毛孔粗大等皮肤问题。

误区 2：白天的皮肤油光更严重，所以我更注重白天的皮肤控油护理。

研究发现，皮脂腺在夜晚分泌更活跃，白天皮肤表面的油光大多是皮脂腺在夜晚分泌的。因此，只有在夜晚进行针对性护理，才能更有效地控制白天皮肤表面的油光。

误区 3：有了油脂调护的晚霜，白天只要使用无油配方的面霜就可以了。

晚霜抑制皮脂腺活性，减少油脂分泌，减少第二天出现在皮肤表面的油光；日霜能控制皮肤表面油光，使皮肤呈现理想的哑光色泽。所以，油腻皮肤需要在夜晚和白天分别使用不同的面霜，以改善皮肤问题。

误区 4：每天经常洗脸就能减少油脂了。

去油并不是说把脸上的油脂洗掉就行了。有的时候，频繁洗脸，洗掉了皮肤表层微量的保护油脂，皮肤缺乏润泽就会刺激皮脂腺分泌油脂，所以洗脸的次数越多，油脂分泌得也越多。因此，油性皮肤的人洗完脸要立即涂上易吸收的滋润产品。

误区 5：用纸巾擦脸去油。

出门在外，满面油光影响容貌，自己也感到不舒爽，很多女性会选择用纸巾擦去脸上的油光。实际上，这种去油方式对肌肤有着不良的影响，甚至可以说是非常危险的行为。纸巾屑多，其纤维与肌肤磨擦会造成角质层上微小的挫伤，破坏皮肤的抵抗力，从而导致各种皮肤问题，加速皮肤老化。所以应当极力避免磨擦皮肤，用吸油纸除油较好，因其比普通纸巾质地细腻，且采用的是粘贴式除油方式。

误区 6：脸一油就用吸油纸吸掉。

很多人不喜欢脸油油的，索性一油就用吸油纸吸掉，频繁使用吸油纸。皮肤油很多时候并不只是油，更是肌肤缺水的外在表现，究其原因，应该补水而不仅是做表面功夫去油。吸油纸是应急用的，一般条件允许，最好在皮肤油时及时净脸、补水、涂保湿霜；若做不到，也要在吸油后适量给皮肤补水，如喷保湿喷雾等。否则，仅靠吸油纸，只会越吸越油。

误区 7：皮肤发油，控油就好了。

有 80% 的油性肌肤都有缺水现象，这种旺盛的油脂量会掩盖肌肤缺水的事实。如果你只控油、吸油，不补充水分，皮肤为达到水油平衡，会不断分泌更多的油脂，造成"越控越油"的恶性循环，且油脂分泌过程中要消耗肌肤内的大量水分。高温导致的大量流汗，会使皮肤处于缺水状态，很快就会出现脸上"既出油又掉屑"的最严重的水油失衡现象。所以，油性皮肤在控油的同时应注重补水。

误区 8：素面朝天，不化妆、不用护肤品，皮肤就不会受伤害。

化妆过度固然会对皮肤产生伤害，但认为不用化妆品、不用护肤品就不会增加皮肤的负担也是不可取的。比如夏天，紫外线很容易晒伤肌肤，如果选择 SPF 值合适的防晒用品，就能使肌肤少受伤害。再比如对着电脑，电离辐射很容易使皮肤变干、出油、老化，若正确涂上适合的 BB 霜，能有效隔离辐射。

误区 9：婴幼儿护肤品不伤肤。

婴幼儿皮肤的含水量在 90% 以上，所以其护肤品中的补水成分相当低。而成人皮肤的含水量多在 70% 以下，随着年龄的增长，皮肤含水量还会越来越低，而皮肤中的氧自由基会越来越多。成人肌肤缺水、缺抗氧化素，还比宝宝肌肤厚，对婴幼儿护肤品的吸收没那么快，且不能防止皮肤衰老，可能会导致皮肤不能及时被滋润而反射性地分泌油脂滋润。

误区 10：吃保健品、避孕药对皮肤影响不大。

不仅风吹日晒会影响皮肤，吃保健、避孕药也会有影响。很多女性在吃这类产品后会出现体内激素水平紊乱、雌激素降低、雄激素偏高的情况，刺激皮脂腺分泌皮脂，使脸部皮肤显得更加油腻，清洁保养起不到有效的作用。所以，生活中尽量避免吃激素类产品。

全天呵护，做清爽小女人

1 早上

不要睡懒觉

特别是周末，睡够 7 ~ 8 小时就不要继续睡或在床上玩手机不起床，睡太多会影响胃肠功能、身体与皮肤养分的及时供给、身体排毒与内分泌平衡等，容易使皮肤缺水，可能会刺激皮脂分泌使皮肤显油。若觉得困乏，选择中午休息比赖床好。工作日，要保证起床后有足够的时间来穿衣梳洗、吃早饭喝水、搭上班车。出门不要求妆容多精致，起码要做到干净整洁，有时间搭配更好。早餐是必不可少的，但要细嚼慢咽，吃太快不仅容易出汗使皮肤变油，也影响消化吸收；上班赶车皮肤容易出汗出油、头发衣着也会凌乱。

起床后，可以先穿衣梳头

这样可以避免衣服沾到护肤品或化妆品，脸上也不会沾到衣服的细小纤维或粉尘，也能避免披散的头发影响刷牙洗脸、涂护肤品，还能防止梳头时头发上的灰尘、皮屑飞扬到脸上，能更好地保持洁净和减少皮肤表面的有害物质。

刷牙后喝一杯温水

皮肤油腻的人体质多湿热，口气较重，牙齿偏黄，容易牙龈肿痛，刷牙不仅是口腔卫生的重要关口，也是形象大关。要想不口臭、不牙黄、不牙痛，都需要仔细清洁爱护牙齿，清新的口气能让你不减魅力，一口亮白的牙能为美丽加分，只有牙齿健康才不会让烦恼痛苦爬上脸庞。最好刷牙后再喝一杯温水，能保证在早饭前半个小时以上喝水就更好了，既可以让睡了一夜积满了代谢废物的身体、肌肤开始苏醒排毒，还不会因占了胃容量而吃不下早饭，也不会稀释消化液。

正确清洁、养护、妆饰肌肤

事关"面子",一般人都会洗洗抹抹、打扮好再出门。皮肤油的人更要注重清洁养护,不然容易堵塞毛孔、皮肤缺水,使皮脂无法排出、皮脂腺过度分泌、皮肤显油。具体的方法可以参看PART2。

餐后漱口,可少量饮水

餐后漱口和刷牙一样重要,能保持口腔清爽干净。餐后想喝水,可以小小地喝一两口水缓缓,以免餐后过量饮水影响消化吸收,一般晨起后先喝一杯温水的人餐后多不渴。

营养清淡的热早餐一定要吃

皮肤油的人一般体内热气重,营养消耗得快,不吃早餐不仅会损伤胃肠、容易便秘,吃得不够营养和清淡,容易内耗和上火,导致湿热上蕴皮肤,肌肤自然不能得到足够的滋润,也就容易缺水、出油。早餐很重要,但需趁热食用,否则冷掉的早餐可能会刺激胃肠,导致消化不良、食积化热、热毒上犯、皮肤出油长痘,胃肠问题在肌肤上表现得特别明显。体质好、阳气足的人,吃热早餐反而会出汗使皮肤变油,所以往往喜欢凉了再吃。对这类人来说早餐太热确实不适合,但也不能等到冷了再吃,因为养成习惯后对胃肠不好,在微微温热时就要及时吃掉。

2
上午

再忙也要抽空喝水

一个上午不喝水，等中午歇下来的时候机体已经发出干渴的信号，你会感觉灌一杯水下去都没有问题。但是马上就要吃午饭了，喝完一杯水，饭可能吃不了多少，下午还没有下班就饿了，长此以往容易伤身。体内缺少水分，皮肤的水分更加不够，就容易变油腻，所以上午再忙也要抽空喝些水，仅早上喝的那点水分是不够的。

便意不能忍

很多上班族，早上起床时间不多，有便意了忍到公司，上班忙碌起来没时间一直拖延，没空排便，久之容易便秘。大便不能得到及时排空，在肠道堆积，导致体内热毒滋生，上熏头面，常见油光满面、痘痘多发。所以，女性早上一定不能偷懒，上班要合理规划时间，及时排便，不然可能在不知不觉中给自己带来美丽危机。

皮肤油腻，先吸油再补水

一个上午过去，特别是对着电脑的忙碌上班族，皮肤很容易变油。为保持良好形象及保护皮肤，可以先用吸油纸吸去脸上的油脂，然后用保湿喷雾或保湿水补充皮肤的水分，减少因缺水导致的皮肤油腻。

减少对着电子屏幕的时间

很多职业女性办公都要用到电脑，但工作时并非一直需要用电脑。可以安排好时间，在不用电脑的时间段关闭显示屏，减少屏幕电离辐射带给脸部皮肤的伤害。电脑屏幕的辐射会加速表皮水分蒸发，让脸部缺水、暗沉无光，还会加剧脸部的出油，进而加重堵塞情况的发生。且屏幕的静电作用会吸附许多空气中的粉尘和污物，这些污垢很容易附着到脸上，和皮肤分泌的油脂混合，导致脸部充满油垢，也很容易堵塞毛孔，让毛孔变粗并催生痘痘。

3 中午

少吃油腻、煎炸、辛辣的食物

很多中小公司并没有食堂，到了中午，上班族常选择吃快餐、外卖，因为自带食物不够新鲜，细菌容易滋生。而快餐、外卖的原材料质量无法保障，油多、盐多，且煎炸辛辣等重口味食物特别受欢迎，吃了很容易发胖、便秘、头面油腻和长痘。特别是久坐办公室的上班族，更应该忌口，午餐最好选择清淡营养的食物，可以喝些浓汤，来点饭后水果。若条件许可，为了让肌肤更水嫩、有弹性，可以在午餐多吃富含胶原蛋白的食物，如猪蹄、牛蹄筋、鲜鱼等。

刷牙洗脸护肤

有条件的上班族，午餐后可以抽空刷牙、洗脸、涂护肤品，洗去一上午皮肤上堆积的油脂粉尘，给皮肤补充水分和营养，让皮肤时刻保持水嫩光泽。

睡个午觉

清洁养护肌肤后睡个午觉，不仅可以让工作一上午的大脑得到休息，也能让皮肤休息一会儿。睡不着也不要在午休时玩手机、看电脑，眯一会儿能让下午的精神更好，也能减少皮肤受电离辐射的影响。

4
下午

多喝水、控油补水、少开电脑屏幕

午睡起来喝点水可以醒脑提神，也能减少血液黏稠度，给身体、肌肤带来水分的滋润。当然，又要忙碌的下午也要记得抽空喝水，来杯绿茶或花茶更提神养颜。及时控油补水，是保持皮肤清爽、美丽一整天的要点。从细节保护皮肤，尽量少对着电子屏幕。

起来动动，提神解压

集中精力上了半天班，下午的精神一般会较差，勉强自己专注工作的效率不一定高，还容易烦躁、压抑。起来活动一下，做个5分钟的简易操、到窗边呼吸新鲜空气、看看远处的风景都是不错的选择，可以让你的心情得到舒缓，减少情绪对内分泌及皮肤的影响，让皮肤有个好心情，不油腻邋遢。

下班后来个热身运动

运动能舒缓紧绷的神经，调节体内激素的平衡。长期坚持效果很明显，爱运动的人比不爱动的人明显更年轻、更有活力、皮肤更好。特别是油性皮肤的人，体内湿热重，运动可以出汗清热排毒，调节体质，减少皮肤油腻。上班族在阳光出来后空气清新时一般都在工作，所以想运动健身，多选择在下班后。下班后疲累一天，肚子也饿了，所以运动强度不宜过大，可以选择20～30分钟的快走、慢跑、打球、瑜伽等中轻强度运动。运动前要热热身，做好准备，让关节肌肉舒展开来。

5

晚上

晚餐清淡，不要多吃

下班回家一般都6、7点了，晚餐最好吃清淡容易消化的食物，配汤最好选择清汤。进食适量，吃得过多或高脂高蛋白，消耗不了，容易发胖，使体内湿热堆积、头面油腻，也容易影响睡眠。

餐后少量饮水

晚餐后可饮用100～200毫升的水，保证体内细胞有足够的水分，不发出渴的信号。注意不要大量饮水，以免影响消化吸收，导致难以入睡或睡不安稳，使体内阴阳失调、阳热偏盛、煎熬肌肤，使皮肤显得油腻。

合理性生活

正常的性生活能使夫妻和睦、双方精神愉悦，但忌性生活无节制，因为每次性生活会让你体内流失大量的阴津、气血，久之容易体质下降、阴虚火旺。因个体差异，需要结合自己的感觉，只要身体无不适就是适度的，一般人一周不超过3次比较合适。性生活尽量采取物理避孕法，如避孕套、药膜等，女性最好别习惯性口服避孕药，因为避孕药会扰乱体内激素水平。

少玩手机、iPad、电脑

在电子产品普及的时代，很多女性吃完晚饭就开始抱着手机、iPad或电脑看电视剧、聊天上网等，让饱受电离辐射一整天的皮肤继续受摧残。晚饭后，和家人朋友聊聊天代替对着电子屏幕，或者看电视远离电子屏幕，阅读纸质书等，都可以减少电离辐射量，对皮肤的保护就多一些。

有时间做做保健理疗

休闲时光可以学学居家保健调养，中医刮痧、拔罐、按摩、艾灸、足疗都有很好的效果，这些理疗方法也很简单方便。通过保健理疗，能改善体质，调整脏腑功能，疏通经络，对因对症调养，减少皮肤油腻。

不要熬夜

一般来说，皮肤在晚上10点到凌晨2点之间，新陈代谢最旺盛，进入保养状态。熬夜会使血液中的代谢废物增多，造成神经内分泌紊乱，使肌肤处于缺水缺氧状态，得不到休息和滋润的皮肤会刺激皮脂腺分泌油脂，使得毛孔中油脂堆积，第二天皮肤很容易变油、长痘，且长期熬夜的女人老得更快。因此，养成10点前入睡的习惯最好。

6

睡前

深度清洁护肤

入睡前一定要把皮肤清洁干净，以免皮肤上的毛孔被污物堵住，导致皮表的脂肪膜保护层平衡被破坏，刺激皮脂腺分泌。毛孔堵塞，皮肤更容易长粉刺。特别是化妆的女性，一定要卸妆干净，深度清洁肌肤。清洁完皮肤后，记得给皮肤保养，涂化妆水、涂乳液、做面膜等，保证皮肤的水分和营养充足。

最好不要饮水

睡前最好不要喝水，且切忌大量饮水，以免起夜上厕所影响睡眠导致皮肤变差或者第二天皮肤变肿。若口渴难忍，可少量饮水，最好在晚餐后适量饮水，不要等到睡前才喝水。当机体感到口渴时，体内已经处于缺水状态，皮肤细胞干渴，即使涂上保湿护肤品也不能满足皮肤对水分的需求。

关灯睡觉

光线会影响夜间褪黑激素的分泌，从而影响人体的神经内分泌平衡。关灯睡觉，保证在黑暗的环境中，可以提高睡眠质量，也能分泌大量的褪黑激素，其具有强抗氧化性，能有效延缓皮肤衰老、使皮肤水润光泽。

正确妆点清洁护肤，
有效控油补水防痘

皮肤要好，水不能少，油要不多不少刚好。皮肤油腻的人一般不缺油脂，反而是油脂过多，所以要控油。不管什么性质的皮肤，补水保湿都是必要的，而补水的前提是正确清洁肌肤。

确定
肤质

不管什么肤质，都会有皮肤显得油腻的时候，护肤用品对其影响是很大的。无论上妆、清洁、养护，都要先确认自己的肤质，根据肤质选用合适的化妆品、清洁品、护肤品。

肤质的确定，一可以根据前面描述的各种肤质特点，观察毛孔大小、油脂多少、接触化妆品是否过敏等；二可以采取简单易行的纸巾测试方法进行鉴别。晚上睡觉前用中性洁肤品洗净皮肤后，不擦任何化妆品上床休息，第二天早晨起床后，用纸巾轻拭前额及鼻部，若纸巾上留下大片油迹，则为油性皮肤；若纸巾上仅有星星点点的油迹或无油迹，则为干性皮肤；若纸巾上有油迹但并不多，则为中性皮肤。

干性皮肤

保养重点：多做按摩护理，促进血液循环，注意使用滋润、美白、活性的修护霜和营养霜。注意补充肌肤的水分与营养成分、调节水油平衡。

油性皮肤

保养重点：随时保持皮肤洁净清爽，少吃糖、咖啡、刺激性食物，多吃含维生素 B_2 和维生素 B_6 的食物以增加肌肤抵抗力，注意补水及皮肤的深层清洁，控制油脂的过度分泌。

中性皮肤

保养重点：注意清洁、爽肤、润肤以及按摩护理。注意日常补水、调节水油平衡，夏天补水，冬天保湿。

混合性皮肤

保养重点：按偏油性、偏干性、偏中性皮肤分别侧重处理。在使用护肤品时，先滋润较干的部位，再在其他部位用剩余量擦拭。注意适时补水、补充营养成分、调节皮肤水油平衡。

敏感性皮肤

保养重点：洗脸时水不可过热或过冷，要使用温和的洗面奶洗脸。早晨，可选用防晒霜，以避免日光伤害皮肤；晚上，可用营养型化妆水增加皮肤的水分。在饮食方面要少吃易引起变态反应的食物。护肤产品使用前一定要先做变态反应测试，无变态反应才能使用。皮肤出现变态反应后，要立即停止使用任何化妆品，对皮肤进行观察和保养护理。

防晒、
隔离和 BB 霜

前面我们提到，紫外线辐射、屏幕辐射、空气污染也是造成皮肤油腻、长痘的"元凶"之一，所以做好防晒隔离，不仅对美白很重要，也是使皮肤清爽的关键措施。防晒霜、隔离霜、BB 霜都是大家非常熟悉的，但三者还是有很大区别的。

防晒霜

防晒霜是将皮肤与紫外线隔离开来，是通过无机或有机活性成分起到防晒作用。防晒霜有效预防黑色素的产生，晒不黑、晒不伤，才能时刻保持青春润泽。

隔离霜

隔离霜主要有隔离彩妆及辐射的功效，是隔离粉底妆容、保护皮肤的重要步骤。而越来越多新出的隔离霜还具有防晒、美白作用，当然它的防晒、美白效果及时间一般比不上防晒霜和护肤品。隔离霜比一般的防晒霜更精纯，更易吸收。

BB 霜

BB 霜是 blemish balm 的简称，是将防晒、隔离、粉底三者合为一体，有遮瑕、调整肤色、防晒、细致毛孔的作用，质地轻薄，能打造出 nude look（裸妆效果）的感觉。BB 霜与隔离霜和防晒霜最明显的一个区别就是，BB 霜能起到粉底的作用。

需要注意的是，无论是防晒霜、隔离霜还是 BB 霜，使用后一定要卸妆，否则会阻塞毛孔。比如，BB 霜本身就是一种粉底，不彻底清除，很有可能会堵塞面部毛孔。

防晒

（1）遮阳伞

很多人觉得出门前一定要擦防晒霜，其实我们也可以选择物理性防晒法——遮阳伞（太阳伞）。买伞时，首先要弄清楚太阳伞和雨伞的区别，太阳伞是有涂层的，不透亮。市面上也有卖两用伞，但一般防紫外线效果没有太阳伞好。太阳伞的防晒效果与面料和涂层都有关系。面料一般不容易认出防晒效果好不好，但是涂层的防紫外线（UV）作用一般都有标出来，可以从卷标（通常会缝在伞里靠骨架内侧的地方）或是在它的价格吊牌上看见。

（2）长袖衣服

出门最好穿长袖衣服，很多人觉得这样很难受，因为在大热天里你可能要骑车，或是在外头到处跑，免不了会流很多汗。但热点或流汗很快就会缓解，被晒伤了要很久才能修复，所以宁愿热一些也不要晒太阳！

（3）帽子、太阳镜

很多时候，打伞不方便或者不合适，这时候有一顶合适的帽子和一款太阳镜也能很好地保护肌肤和眼睛。很多人觉得帽子可能会弄乱头发或是妆容，所以选用鸭舌帽，只有前缘一大片突出来即可。

（4）防晒产品

出门前，很多人会提前涂抹防晒产品。涂前先洗脸和涂护肤品，补水、上乳液后就可以涂防晒品了，一般要提前半小时涂上，出门前再补涂一次。

适合女性的防晒产品中，露状的最轻薄，然后是乳状，最后是霜状的，适合不同的肤质。防晒露适合混合偏油或油性的肤质使用，使用前要先摇匀；防晒乳适合中性、混合性皮肤；防晒霜适合干性皮肤使用。而防晒油一般很少女性使用，皮肤油的人更不会去用它，因其只能防止晒伤，不能防止晒黑，且难以清洁，可能只有在室外游泳时会用，因为它可以防水，游泳时不会被洗掉。

当然选用防晒产品，除了选质地、品牌外，还要注重其防晒指数 SPF 值、防晒类型和室外时间。防晒指数并不是越高越好，越高对皮肤刺激越大。如果只是一般的上学、上班时才晒得到，用 20 的就可以；如果晒的时间比较长可以用 25 的；要是经常暴晒的话就要用 30 的；还有 15 的，它比较适合冬天用，夏天可以用高一点的，但最多只需要 40。油性皮肤建议用 SPF 值略低的，干性皮肤可以用稍高一点的。如果去游泳或户外活动，也可选防晒指数高点的。而在一天中，并非出门时擦一遍防晒产品就万无一失了，出汗后一定要补擦，化学防晒品最好每隔 4 个小时补擦一遍。

隔离

首先要明确一点，隔离霜并没有特别用于对抗电脑辐射的功能。电脑辐射大部分属于低频辐射，它的波长约为 6.5 厘米，而隔离霜针对的主要是波长 0.01 ~ 0.40 微米的紫外线，所以说隔离霜对隔离电脑辐射不会有更多的作用。

不过长时间面对电脑，电离辐射会构成对皮肤细胞的伤害，让自由基更趋活跃，且封闭环境中的鲜氧含量大大低于室外，容易造成皮肤缺氧。而隔离霜中大多含有丰富的抗氧化因子及高浓度的营养滋润成分，有抑制自由基产生的功能，可以保护被电脑辐射伤害的肌肤。电脑除了辐射会对人体造成伤害以外，电脑屏幕的静电效应会吸附大量空气中的灰尘，使用电脑时，我们的皮肤是处在一个相当"脏"的环境中。

所以，常用电脑的女士们使用隔离霜还是有效果的，不过不是所认为的直接对抗电离辐射，而是补水、抗氧化、防尘。不过其效果和使用普通的护肤品（如乳液、霜膏等）并没有太大的区别，所以上班族不一定要用隔离霜。反倒是对着屏幕时间长后洗把脸，洗掉些灰尘，然后补水保湿，对保护肌肤、控油补水防痘比较有用。

在使用隔离霜前，一定要充分做好保湿。假如你的乳液只是具有保湿功效，也没明确说明是否可以直接上妆，就应用隔离霜；如果是有保护功能且带有 SPF 值的日霜，可以跳过隔离霜这一步骤，直接上粉底液，但假如你想修饰肤色，进一步防止电脑辐射、脏空气，就仍然要使用隔离霜。

我们常把防晒、隔离放在一起说，只要防晒指数一样，单纯就防晒功效而言，两者并没有什么区别，但一般隔离霜的防晒指数不高。不过防晒霜通常都是透明的，而防晒隔离霜会增加一些调整肤色的功能。隔离霜有"隔离紫外线，隔离脏空气，隔离彩妆"的作用，相当于一层皮肤保护膜，但它也不能完全隔离全部的有害物。

我们经常听到"紫隔、绿隔"，其实隔离霜有不同的颜色，可以起到修正、提亮肤色的作用，叫润色隔离霜。一般人常用的就是紫色、绿色、白色、肤色这4种，不同的颜色代表不同的修容作用。

1. 紫色

紫色具有中和黄色的作用，所以它适合普通、稍偏黄、暗沉的肌肤。它的作用是使皮肤呈现健康明亮、白里透红的粉嫩色彩。

2. 绿色

绿色隔离霜可以中和面部过多的红色，以补正肤色，使肌肤呈现亮白的完美效果。另外，还可有效减轻痘痕。

3. 白色

白色是专为黝黑、晦暗、不洁净、色素分布不均匀的皮肤而设计的，适合所有肤色，可以局部使用创造脸部立体感，或是全脸使用让肌肤显得白皙、干净而有光泽。

4. 肤色

肤色隔离霜不具有调色功能，但具有高度的滋润效果。适合皮肤红润、肤色正常的人以及只要求补水防燥、不要求修容的人。

要注意一点，用了隔离霜可以不用粉底液直接上妆，用粉底液的话就一定要先涂隔离霜。如果不使用隔离霜就涂粉底，会让粉底堵住毛孔伤害皮肤，也容易产生粉底脱落现象。在化妆前使用隔离霜就是为了给皮肤提供一个清洁温和的环境，形成一个抵御外界侵袭的防备"前线"。粉底液的作用就是提亮肤色，它的遮盖能力要比隔离霜好，因此一般质地也会比隔离霜厚重一些。因此年轻女性，如果皮肤没有过于明显的瑕疵，都会选择只涂抹隔离霜，如果需要涂抹粉底液的话，就一定要在粉底液之前涂抹隔离霜。还有，一般不使用粉底液的时候就不需要使用隔离乳，涂抹面霜后再涂抹防晒乳即可。如果防晒、隔离都用上了，粉底液之前依次是隔离霜、防晒乳、面霜。

隔离是彩妆的第一步，然后再用粉底或者粉饼，再者是腮红等。彩妆的层次步骤繁多，所以在第一层隔离的清爽度显得尤为重要。厚重的隔离霜会让整个妆容不服帖，会出现浮妆现象。而一款清爽的隔离霜，则可轻松解决浮妆问题，让妆容非常服帖自然。

夏天出油、出汗严重，或会碰到水，要选择一款能高度防水防油的隔离霜。因为若使用的是防水防油能力较差的隔离霜，隔离霜易脱落，将失去对肌肤的保护功能。所以，提前准备、做好选择、一步到位，才能让我们更无后顾之忧。

BB 霜

1. 功效不同

最开始已经说到，BB 霜可以打造裸妆，让你当"素颜女王"，有综合作用，而隔离霜不能当粉底，是粉底的隔离护肤品。

2. 遮盖力不同

BB 霜拥有比隔离霜更强的遮盖力，对于一些肌肤本身状况就不错的女性，BB 霜已经能完美修饰肌肤了。而润色隔离霜的功效主要在修饰提亮肤色，所以整体妆效非常清透自然。

3. 产品颜色不同

BB 霜绝大多数是粉底色泽的，大多数品牌都只有一个色号，可以全脸使用。而润色隔离霜有着丰富的色彩（绿、紫、粉、橘、透明珠光等），不同颜色效果不同。

4. 使用步骤不同

隔离霜一般要使用在 BB 霜以及防晒霜的前面，隔离彩妆以及脏空气对肌肤的侵扰。而 BB 霜一般作为粉底使用，是彩妆（彩妆通常不包括隔离霜）的第一步。隔离霜也用在保养程序结束后，但由于功效是调整肤色，所以之后要按常规的底妆步骤上妆粉底液＋蜜粉（粉饼）。

5. 适合人群不同

BB 霜可归类为具有保养功效的底妆品，是一些希望快速上妆的女性的首选，又称"懒人底妆品"。而隔离霜则更适合希望精致完美妆效的女性，在彩妆步骤中属于用来校正肤色的妆前打底产品。

6. 卸妆的区别

一般来说，使用了 BB 霜（可以算作粉底）就必须使用专业的卸妆产品将其去除，否则，残留的 BB 霜容易堵塞毛孔，引起粉刺、痘痘。而隔离霜需要根据质地决定是否需要卸妆。还有睡前将隔离霜涂抹在脸部，不仅不会给肌肤带来负担，还可以帮助肌肤锁住水分，令肌肤水润不干燥。

化妆、卸妆

很多女性为了美丽而化妆，也有人因为上班或出席正式场合不得不化妆。有人喜欢浓妆，有人喜欢淡妆。这样一来，化妆和卸妆就成了这些人的必修课。化个适宜的妆容，彻底地卸妆，彻底地清洁皮肤，绝对是美容、防治皮肤问题（如干燥、油腻、长痘等）的根本。

因皮肤为弱酸性，市场上过于广泛地推广酸性外用品，造成很多消费者错误地、过度地使用此类具有潜在危害的化妆品。表皮的弱酸性是由其排泄物导致的，不会对皮肤造成大的刺激，而酸性化妆品使用的酸化剂却常是枸橼酸、醋酸、磷酸，甚至是低浓度的盐酸、硫酸等，对皮肤存在较强的刺激，且还都是角质细胞的溶解剂，对角质代谢较快或处于代谢紊乱期的干性、混合性、敏感性肤质来说无疑会"雪上加霜"。所以化妆品也不要一味追求弱酸性，根据肤质选择适宜的最好，天气影响也要考虑，如在容易出汗的夏天，选择彩妆就不容易掉妆。

卸妆虽然不复杂，可一天的疲累过后，很多女性卸妆都会偷懒，因为缺乏耐心和精力去掉粉底、眼影、唇膏以及顽固的睫毛液，容易带着残妆，涂上护肤品后就上床睡觉。长此以往，肌肤会抗议，等到有一天，突然发现鼻头好像草莓，长出满脸小痘痘，才意识到卸妆的重要性。且若妆容没卸干净，而且后面清洁又没有去除残妆，不仅皮肤容易堵塞发炎、长痘变油，也会影响保养品的吸收。所以即便你再累，也要彻底清除脸部残妆，但千万不要胡乱擦拭，弄伤肌肤，要按步骤进行，尤其是眼部、唇部等重点化妆部分。

合适的卸妆产品和手法，不但能令清洁工作事半功倍，并且对皮肤亦很有好处。通常正确卸妆的顺序是：先卸彩妆，然后再卸底妆。具体就是，先卸除色彩较多、较重的部位，如眼影、唇膏、睫毛膏、眉线，然后再把全脸的粉底卸掉。卸妆一定要用专业的卸妆产品，才能彻底地清洁掉妆面上的化妆品。按稀到浓，常见的有卸妆摩丝（泡沫）、卸妆水、卸妆啫喱、卸妆油、卸妆乳（霜）、卸妆膏，各种质地的卸妆产品真可谓不胜枚举。感到茫然无措怎么办？下面教你如何选择和正确使用。

首先，要知道脸妆两次清洁最彻底。脸妆第一次清洁是卸妆，第二次清洁是用洁面产品清洁，经过两次清洁才能彻底让肌肤恢复干净。因为一般人都是自己卸妆，手法不专业、卸妆产品不是最合适的，使得只用卸妆产品难以彻底卸干净，需要第二次清洁，它可以清除残妆，以防堵塞毛孔引起皮肤问题。卸妆后最好使用温和的洁面剂。

卸妆是最基本的清洁环节，在卸妆前，要先选择合适质地的卸妆产品，然后一定要认真阅读卸妆用品说明书，因为不同的产品使用的方法也不尽相同。基本手法是打圈轻揉，由下而上，从里向外，沿肌纹行走，用力均衡。但在鼻子两侧要以螺旋状由外而内轻抚。待污垢完全与卸妆乳融合再擦掉或冲洗掉。

注：卸妆产品的温度比肌肤低，用双手预热能减少冷刺激引起的毛孔收缩，更容易清除毛孔中的残妆。

卸妆摩丝

质地细密、清透，挤出的是泡沫，清洁力比较好，但卸妆能力一般，可以卸除残余彩妆。基本对所有类型的皮肤都适合，但容易带走皮肤水分，少数干燥敏感皮肤用着会比较干。

1. 洗干净手后擦干或自然风干，保持干手干脸。

2. 然后把卸妆摩丝挤在一手的掌心，用另一只手把摩丝涂在面部，闭眼时眼影位置多涂一些。由内到外轻轻打圈按摩，大概 15 秒，眼部可多揉一会儿。

3. 用化妆棉轻轻擦掉脸上的泡沫，然后用清水洗干净。防水眼妆产品可再次对局部进行清理。

4. 用深度清洁的洁面产品清洗面部。

卸妆水

含水量高，质地轻薄，肌肤负担轻，适合油性皮肤、混合性皮肤、敏感皮肤。其优点是可以保证肌肤的含水量，令肌肤清爽水嫩，但缺点是对于大浓妆来说卸妆力度不够。

1. 眼部：可用化妆棉蘸满卸妆液，闭上眼睛，敷在眼皮几秒，待彩妆溶解后再轻轻擦拭。可重复多次，直到化妆棉上没有颜色，不要来回用力擦。眼线可用蘸上卸妆液的棉签轻轻擦掉。

2. 脸部：用化妆棉重复蘸取卸妆液，由内向外轻轻擦拭，重复 2 ~ 3 次，直到化妆棉不留下粉底的颜色为止。擦过一次的化妆棉应立即丢弃，不能重复使用。

3. 用温水洗净，再用洁面产品清洁一遍。

卸妆啫喱

质地柔软，较为清爽，啫喱相对于卸妆水来说更好控制用量，保湿效果较好，适合皮肤敏感、皮肤薄、皮肤干的人。卸妆力度较弱，不适合卸眼妆，按摩时间过长还会带走皮肤水分。

1. 手洗干净，在干手干脸的状态下，取约 3 厘米的啫喱在脸部打圈涂抹开，与彩妆和污垢充分融合。

2. 用化妆棉擦拭或用温水充分冲洗后，再用洁面产品清洁。（可参考下面卸妆油用法中的清洁方式。）

卸妆油

卸妆油清洁力度强，常用于清除防水彩妆、厚重的浓妆。植物性成分比矿物油更安全，无刺激、性质温和，适合肌肤偏敏感、干燥的女性。但比较油腻，油性肤质尽量少用。

1. 眼部：用化妆棉蘸取眼球大小的卸妆油，敷在上眼皮处几秒，等待彩妆溶解后将化妆棉放于下眼皮处，用棉签沿睫毛根部向下仔细擦拭，眼影位置可将整张棉片覆于眼皮从上至下轻擦。

2. 脸部：倒一些卸妆油在掌心温热，将卸妆油均匀地涂满面部，并按从内向外、从下向上的原则，不断地用指腹打圈按摩，直到彩妆完全溶解。眉尖、下巴、鼻翼这些容易藏污纳垢的地方，特别要仔细揉搓久一些。之后取一点清水蘸湿手，继续按摩面部。这是一个卸妆油乳化清洁的过程，这样清洁效果才好。

3. 用 40℃ 左右的温水和深度清洁产品将脸洗净。

卸妆乳（霜）

乳霜质地的卸妆产品，用法和效果近似。它们能去污润肤，最适合干性、中性肌肤使用。卸妆霜的质地相对较厚，一般可以用来清除较为全面的妆容，而卸妆乳则有点润"妆"细无声的感觉，它的质地更加轻薄清爽，水油平衡适中，一般用来清除比较简单的日常妆容，也适合缺水的肌肤。虽然使用这类卸妆产品是用手指画圆圈的方式溶解彩妆，但千万不能把它们当成按摩霜，那样只会把已出来的彩妆污垢又让皮肤给"吃"回去。

1. 干手干脸（潮湿的环境会减弱卸妆乳的清洁效力），用双手预热卸妆乳，手指指腹轻轻在脸上揉开，由内而外轻轻打大圈，停留时间不宜过长。

2. 用湿毛巾擦拭或用清水洗去，再用洁面剂洗脸。

卸妆膏

质地厚重，密度很大，需要用挖棒取出，用量比较小，卸妆力度较好。它具有养护功能，适合疲劳肌肤和经常化妆的女性，无明显缺点。

1. 用挖棒取出适量放在手心，用手掌轻轻预热推开，均匀后轻轻涂抹在面部，打圈方式由内到外推开，在脸上轻轻按摩，揉擦需要卸妆的部位。

2. 揉擦完毕后，可以用温水逐渐乳化，然后冲洗干净，或者也可以用一块柔软的热毛巾敷在脸上，轻轻擦掉卸妆膏，再用洁面产品洁面。

Tips

1. 两次清洁后，可用爽肤水对肌肤做最后的清洁，以及平衡肌肤的 pH 值。在选用产品时，最好使用同一品牌的系列产品。

2. 敏感皮肤在使用卸妆产品时应小心谨慎，最好选择不含酒精、香料、色素等化学成分，且性质温和的卸妆产品，而且卸妆时间不宜过长。

3. 使用化妆棉卸妆时，可将化妆棉对折两次，用完一面再换干净的一面擦拭。

眼妆最好用专用卸妆产品

眼部皮肤细薄而脆弱。如果你经常化妆，一定要用眼部专用的液状乳液清除眼妆，特别是眼线和睫毛膏。

1. 将硬币大小的眼部卸妆液倒在化妆棉上，待其充分吸收。

2. 化妆棉轻敷在眼部的同时，用中指与无名指沿眼部弧度轻轻按压，使卸妆液完全溶解眼部彩妆。

3. 用化妆棉沿眼部弧度，由内眼角向外眼角轻轻擦拭眼部。擦拭时手的力度要轻，不可反复涂抹。

4. 将蘸有卸妆液的化妆棉放在下眼睑处，并用棉棒顺着睫毛生长的方向仔细清除睫毛膏。

5. 将上眼睑轻轻提起，用棉棒沿睫毛根部轻轻擦掉眼线及眼部彩妆残留物。

Tips

1. 戴隐形眼镜或眼睛易过敏的人，一定要选择温和而不刺激的卸妆液。

2. 在使用水油双层眼唇专用卸妆液时，一定要在用前充分摇匀。

收缩
毛孔

毛孔变大的原因有很多，因此收缩毛孔可对因采取不同的方法。皮肤油腻的人想收缩毛孔，要对症做到以下几点，特别是在使用控油、深度清洁等扩张毛孔的洁面产品后，一定要接着用冷水敷面和使用紧肤水。

1. 要正确清洁，洗掉堵塞的油脂、死皮和污渍，定期去角质。

2. 清洁后冷敷或用有收缩毛孔、补水保湿作用的产品，如爽肤水等，促进毛孔修复。

3. 若已经开始衰老的肌肤，还要多吃营养肌肤的食物如猪脚（吸去油脂）、猪皮、银耳等，增强皮肤弹性，使皮肤紧致细密，以减少毛孔自然扩张。

4. 若有不良习惯的人，如抽烟、喝酒、熬夜、喜欢用手抠痘痘等，应改掉这些习惯。

5. 内分泌失调者，要饮食和药物同时调养，平衡内分泌。

6. 若毛孔内长有螨虫，还要除螨灭卵。

毛孔收缩品，常听到的就是紧肤洗面奶、水、精华液、面膜、泥，通过缩小毛孔的孔径或滋润毛孔使其自然收缩，还可以减少出油量。然而，有些成分若过度（如铝盐）使用，反会造成毛孔堵塞。所以，平时使用紧肤品时，最好选择含植物成分的，如一些含有芦荟、金盏花、燕麦等植物成分的护肤品，就是不错的选择。

但是也不要过分依赖紧肤水，因为毛孔粗大有多种原因，对症的才是最有效的。如毛孔被油污堵塞，若没有先清洁、疏通毛孔，直接用紧肤水就会导致皮肤问题更严重。

洗脸

洗脸，是对脸部的清洁活动，指通过清洁使皮肤尽可能处于无污染和无侵害的状态中，为皮肤提供良好的生理条件，是涂护肤品之前的重要步骤。晨起洗脸，醒脑清洁；睡前洗脸，洁尘护肤。不管白天、晚上，都是"面子"相关的大事。

正确的洗脸方法，要做到洗得好、洗得干净，要能很好地保护肌肤、避免洗伤，还要彻底清除有害污渍，如果能洗出护肤功效当然更好。

（1）不要过于依赖既往的 pH 值

颜面清洁，主要还是洗去汗液和皮脂。市面上的皮肤清洁剂往往是弱碱性的，因其清洁油脂的能力比较强。洁面产品要根据皮肤性质选择，pH 值最好是在 5.5 ~ 7.0 之间。油性皮肤可以选择 pH 值稍微高一些的，可以有效溶解、去除油脂，注意别用 pH 值 8.0 以上的，一是刺激性太强，二是超过皮肤的酸碱中和能力，若没有及时涂抹酸性护肤品，容易使皮肤发干、刺激皮脂分泌、加速老化。pH 值过低同样不可取，因其容易造成肌肤敏感。还有，洗脸最好只用专门的脸部清洁产品，不能长期用沐浴液等其他部位皮肤用品替代。最常用的就是洗面奶和洁面皂，洁面皂都是碱性的，但有强碱性和弱碱性之分。

pH 值是个参考方向，但是也不要过于依赖其做选择。皮肤有缓冲酸碱能力的作用，不管用什么 pH 值的清洁产品，都可以自行调节 pH 值回到原来的弱酸性，但很多时候都是通过皮脂的分泌量来调节，如果及时涂抹护肤品也能调节。

从皮肤的 pH 值为人们所了解以后，很多清洁品、护肤品的广告都标上了"属于弱酸性"。也有很多人会先测试皮肤 pH 值、确定肤质，然后一直选用某类护肤产品。但是人的肤质是会变的。如属于干性皮肤的人，平时用弱酸性洗面奶，在夏天出汗、出油多时，皮肤pH 值会升高接近油性肌肤，这时如果还和以前一样选择弱酸性的产品清洁，皮肤不仅不能被完全洗干净，可能还有油脂残留。

所以，皮肤油腻的人选择洁面产品不仅要考虑肤质（平时的 pH 值），也要随环境和自身情况（当下的 pH 值）而正确选择。

（2）不要频繁洗脸

皮肤的皮下组织每分钟都会分泌油脂，有人也许会认为，要达到清洁皮肤的目的，洗脸的次数越多越好，这样就可以保持皮肤的光洁了，其实不然。人的皮肤表面的那层不易觉察的脂肪膜，它的作用是使皮肤免受外来刺激、抑制细菌生长和减少皮肤脱屑等。

这层脂肪膜如受到空气的污染，就会影响皮肤的卫生，使皮肤变得干燥、污秽，通过洗脸可以洗掉这些污秽。但是，洗脸次数太多，面部的脂肪膜不断被洗去，皮肤的防御能力就会减弱，而且，经常地刺激皮肤，反而会使皮肤失去弹性和光泽而损伤皮肤，使皮肤变得十分干燥，这样皮肤就很容易出现皱纹。

所以，洗脸的次数不宜过多。洗脸也须因人因时因地而异。在炎热的夏季出汗较多，可以视情况而定洗脸的次数，一般在冬春秋季节以每天 2 ~ 3 次为宜，油性皮肤的人可略多 1 ~ 2 次。

（3）使用软水、冷热交替最适宜

有效的洗脸与水质及水的温度也有一定的关系。水质，指的是硬水和软水。硬水，如井水以及含有钙盐、淡盐、较多矿物质的水，因矿物质的作用，肥皂也不易起泡，所以硬水不宜用来直接洗脸。如果因条件所限，可以将硬水煮沸数分钟，使水中的矿物质充分沉淀后再使用。软水，指不含或含少量钙盐、镁盐的水如雨水、自来水。软水是最适合洗脸的。

选用软水后，还要注意洗脸水的温度。过低的水温，洗不干净，而过高的水温，会去油过度，使皮肤的天然油脂保护层消失，还会因热刺激使皮脂腺大量分泌皮脂。其实最适合的是用不要太冷也不要太烫的温水清洗，洗完后再用冷水轻柔地冲一两遍，冷热水交替使用。这样既有放松皮肤、溶解皮脂、开放毛孔、促使代谢物的排出、有效洁肤的作用，也能在洗净后使皮肤血管收缩、毛孔闭合、减少皮肤干燥。皮肤油腻时，可以用偏热的温水，而皮肤干燥、敏感时，水温与人体的 37℃ 接近为宜。

特别要注意的是：夏天不能用冷水洗脸，冬天也不要用热水洗脸。因为夏天经常大汗淋漓，满是汗水的脸上，皮肤温度相对比较高，突然受到冷水的刺激，会引起面部皮肤毛孔收缩，使得毛孔中油污、汗液不能及时被清洗掉，这样做的后果是皮肤的毛孔扩大、油脂在毛孔内堆积，很容易发炎长痘。而冬天干燥、寒冷，皮肤上毛孔收缩、皮脂分泌减少，皮肤容易干燥，用热水会洗去毛孔中储存的脂肪，使皮表失去油脂保护层，容易干裂和老化。

（4）洗面奶、洁面皂和毛巾的使用

洗脸的时候，无论用什么样的洗面奶、洁面皂，都不要用量太多，适量即可。取适量产品于蘸湿的手心，揉搓到起泡后再涂在脸上，细腻的泡沫会深入毛孔使污垢剥离，将泡沫轻轻打圈在脸上按摩，千万不要用力搓，之后用温水将全脸充分洗净。

Tips

1. 不要直接将产品涂在脸上搓揉，这样会刺激肌肤。

2. 搓揉时要搓到充分起沫，这样能提高清洁效果，也可以减轻肌肤的负担，不然可能会影响清洁力度，也可能导致残留清洁品留在毛孔里，引起青春痘。

3. 按摩时手的动作方向是：由下自上，从里向外，沿肌肉纹理滑动，用力均衡。

4. 用温水洗净时，最好用流动的清水冲洗泡沫，直至肌肤摸上去没有洁面剂的滑腻感。

5. 清洗之后，最好照一照镜子检查一下发际、脸周是不是还有残留的泡沫，这个步骤经常被人们忽略，所以经常看到有些女性发际长了痘痘，其实就是因为忽略了这一步。

6. 最后，可用冷水再稍微轻轻拍几下脸部，然后用蘸了凉水的毛巾搭在脸上敷一会儿，促进面部血液循环，可以达到收缩毛孔的效果。

也有些女性将清洁剂倒在毛巾上，用毛巾用力擦洗，觉得会洗得干净点，但这样反而容易损伤皮肤。此洗脸方法不可取。

还有人洗完后用干毛巾用力抹去擦干水分。这样其实对皮肤不好，只需要轻轻按在表面，吸掉大部分水分就好，也不用很干，因为涂护肤品时最好保持皮肤有一定的湿润度。也可以用湿润的毛巾代替干毛巾轻轻擦干，这样可以保护肌肤。所以，配合清洁剂使用的毛巾，以吸水力好、不会掉屑为佳。

如果不用清洁剂，直接用温水洗脸，则使用的毛巾以质地柔软厚实为佳。选用这种毛巾洗脸，既有利于抹去脸上的脏物，又具有按摩活血的作用。

护肤品

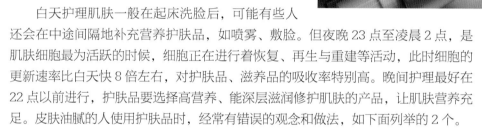

护肤品要根据肤质和天气、环境等选择，不要从早到晚、一年四季都不变样。

清洁护肤的正确步骤是：洁面→化妆水（可以用于眼部）→乳液／精华液→眼霜→面霜（不可用于眼部）→防晒／隔离→化妆。有些步骤可以省略，但洁面＋化妆水＋乳液／精华／霜是必不可少的。如果在夏天或紫外线强，或电离辐射强，或空气污染严重的情况下，建议在面霜涂完后再涂一层防晒隔离。

白天护理肌肤一般在起床洗脸后，可能有些人还会在中途间隔地补充营养护肤品，如喷雾、敷脸。但夜晚 23 点至凌晨 2 点，是肌肤细胞最为活跃的时候，细胞正在进行着恢复、再生与重建等活动，此时细胞的更新速率比白天快 8 倍左右，对护肤品、滋养品的吸收率特别高。晚间护理最好在 22 点以前进行，护肤品要选择高营养、能深层滋润修护肌肤的产品，让肌肤营养充足。皮肤油腻的人使用护肤品时，经常有错误的观念和做法，如下面列举的 2 个。

1. 油性、"痘痘族"不用保湿

"痘痘族"或油光满面的人，常嫉"油"如仇，拒含油保养品于千里之外。事实上，皮肤的出油量和角质层的含水量是否充足没有绝对的关系。油性皮肤的人不一定就不缺水，根据皮肤状况适时调整所用的保湿产品是很有必要的。"痘痘族"也不是完全不能碰乳液等，在皮肤变干燥或脱皮时，就可视情况使用以加强保湿。在选的时候也要选用清爽温和的产品，以免刺激皮肤引发新的痘痘。涂护肤品，可以让皮肤不缺水／油／氧，从而抑制皮脂的分泌、控油祛痘。

2. 常去角质，补水祛痘效果更好

健康的表皮细胞从生成到脱落的过程是 28 天，而角质层 14 天就会更新换代。所以代谢正常的肌肤，一般 2 周左右去一次角质就可以了。油性皮肤代谢快，角质层比较厚，不到 2 周甚至 1 周左右就要去一次角质。干性皮肤，两三周去一次角质，甚至一个月去一次都可以。所以，皮肤油腻的人，也要根据肤质去角质。虽然去角质可以让皮肤更好地吸收营养、防止死皮堵塞毛孔长痘，但过于频繁地去除角质会让角质层变得太薄，失去储水及抵抗外界环境伤害的能力。

1

化妆水

化妆水是统称，依据不同的功能可再细分为爽肤水、收敛水、去质角液、柔软水等，是一种透明液态的化妆品，涂抹在皮肤的表面，用来平衡皮肤的酸碱性、清洁肌肤、给肌肤补水、收敛毛孔等。在基础护肤中起到承前启后的作用，一般用在洗脸后、上妆前，能使皮肤表面恢复正常的弱酸性，为下一个护肤步骤做好准备。我们要依据自己的肤质选择合适的化妆水，对症使用才能收获最佳效果。

使用化妆水，推荐将化妆水倒入化妆棉内，用湿透的化妆棉擦拭脸部肌肤做保湿。一是化妆棉可以节约化妆水的用量；另外则是能够进行全脸擦拭。使用化妆棉，眼部周围以及脸部轮廓，甚至是鼻子两侧都能兼顾到，只要用时记得沿着发根处的脸部线条擦，且不要忘了护理眼周。

辨别化妆水的好坏有简单的小方法，首先用力摇，摇完之后看产生的泡泡。①如果泡泡丰富细腻，有厚厚的一层，而且经久不消，那就是好水。②如果泡泡很少，说明营养成分少。③如果泡泡多但是大，说明含有水杨酸。其洁肤效果较好，不过刺激性比较大，不适合皮肤容易过敏或者对水杨酸过敏的女性。④如果一摇就有很多很细的泡泡但很快就消失了，那说明其中含有酒精成分。这类化妆水偶尔使用是可以的，还可以起到消炎的作用，但是切忌长期使用，容易伤害皮肤自身的保护膜。

爽肤水

适合油性肌肤使用，大多内含酒精，使用起来有清爽感觉。每次洁面后，使用爽肤水，可以迅速为肌肤补充水分。

收敛水

适合油性肌肤以及毛孔粗大的女性使用，因内含水杨酸或氯化铝等，会使毛孔暂时缩小或抑制油脂分泌。

去角质液

或称角质抛光液，因内含酸类或酵素，可以经由擦拭而去除角质，有再次清洁的效果。

柔肤水

也是去角质的一种护肤品，偏碱性，可以柔软角质，也是经由擦拭而去除角质，达到再次清洁的功效。柔肤水更适合干燥的季节使用，如果你觉得你的皮肤不够细嫩，又比较容易过敏，那柔肤水更合适一些，建议一年四季都使用。

2

喷雾

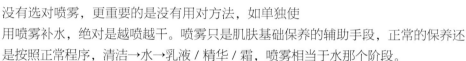

喷雾，有一段时间非常流行，很多女性随身带着或办公桌上放着一瓶，感到皮肤干燥时随手喷喷，喷上后瞬间觉得皮肤舒爽很多，给人一种非常滋润的感觉。但一段时间过后，越来越多的人反而觉得越喷越干，喷的瞬间会感觉无比舒适，但喷完过后，感觉皮肤更加紧绷了，还不如不喷。专家的说法是：没有选对喷雾，更重要的是没有用对方法，如单独使用喷雾补水，绝对是越喷越干。喷雾只是肌肤基础保养的辅助手段，正常的保养还是按照正常程序，清洁→水→乳液/精华/霜，喷雾相当于水那个阶段。

虽然保湿喷雾多以天然矿物质及植物为主要成分，不易出现过敏和刺激，但选择最适合自己皮肤的才好。比如，易敏感的皮肤宜挑选具有镇静保湿及舒缓功效的面部喷雾，如玫瑰和洋甘菊成分的舒缓喷雾。而温泉水型喷雾，则有舒缓及提升皮肤免疫力和修复功效。一些日间防护型的保湿喷雾，适合在办公室里使用。

水润肌肤"喷"出来，保湿喷雾的正确使用方法是：

1. 清洁干净手，在喷前先用吸油面纸吸去脸上多余的油脂和污垢，或者用湿巾擦干净脸。特别是皮肤油腻的人，这一步一定不能省略。

2. 喷的时候，不是随便地喷在脸上就可以了。在使用时，应该距离面部10～15厘米，均匀喷才行。不少女性为了能让喷雾被肌肤更好地吸收，甚至会将喷嘴挨着自己脸喷。实际上，并不是所有喷雾都能直接喷在脸上，只有喷头喷出的是雾状，细腻而且均匀，才适合直接喷在脸上。如果喷头喷出大颗水滴的那种喷雾，就只能先喷手上，再涂脸上。

3. 在喷完后，轻拍帮助吸收，有时也可以用不掉屑的纸巾擦掉流淌的水，等待自然干又有点湿润时，即刻补涂乳液/霜等补水保湿护肤品。水分风干的时候，留在皮肤表面的盐分结晶会从皮肤内向外吸水，所以喷雾与皮肤接触一分钟左右还有些湿润的时候，就用棉质面巾轻轻将水分吸去。

4. 对于欲补妆的肌肤，可用面巾纸盖住眼部(彩妆)，将喷雾均匀喷于肌肤上，再用面巾纸按干，然后补妆，这样，妆效会特别清新。不过，在选用保湿喷雾时要选用喷出水珠小而密的那种，若喷出的是大水滴反而容易造成脱妆。

注意不要用面纸按干，因为面纸会将面霜和脸上原有的油脂也擦掉一些，这样反而让脸觉得更加干燥，油性肌肤可能感觉不明显，但干性皮肤绝对会感觉到滋润度下降。还有不要喷得太频繁，同时又没有擦乳液锁住水分，会让皮肤陷入干→湿→干的恶性循环。

如果是油性肌肤，喷之前一定要除去多余的油脂和污渍，以免水油不相溶，不但不利于皮肤的吸收，还可能污染皮肤。仅涂上简单护肤品的皮肤油腻女性，若担心白天肌肤水分不足，护肤品里的透明质酸成分倒吸肌肤水分的话，可以用加湿器代替喷雾。改善周围空气的湿度，让肌肤上的透明质酸成分自己吸足水分。

如果是干性肌肤，在午休时间想给肌肤充电的话，因其皮肤上霜乳类油脂保湿护肤品几乎已经被吸收没了，建议先用无刺激性的植物温和湿巾纸轻柔地擦去面部尘埃，清洁干净双手，再用喷雾轻喷全脸，用手指轻轻拍干，加快水分和营养吸收，然后趁着水分没有完全干透再涂抹上一层补水保湿品，锁住水分。

如果是敏感肌肤，可选用温泉水喷雾，一般肌肤用矿泉水喷雾也可以。温泉水的效果要更加出色，价格也会高些，因其有抗刺激、舒缓肌肤、防止肌肤过敏和提升肌肤免疫力的作用。而矿泉水只含有天然矿物质，只起一般的补水保湿作用。

保湿喷雾的好处多多，不仅能随时舒缓镇静，补充皮肤水分，改善肤质，而且使用方便，是女性护肤的必备品。不仅以上这些，补水喷雾还可以用于肌肤每道护理的间隔时间，为肌肤保持水润度。当洗完澡出来后，脸干干的，这时可以使用喷雾，让肌肤恢复水润度，再进行后续护理。在涂抹完精华液之后，肌肤变干了，这时也可以稍微喷一点喷雾，然后再涂面霜，但不要喷太多，喷太多会冲掉精华液。

3

补水保湿品

　　皮脂膜（油脂）有锁住水分（保湿）的作用，不使皮肤中水分流失到空气中。化妆水一般不含油不能保湿，要想锁住水分一定要涂上保湿品，如乳液、精华、霜等。而通常保湿品也不仅仅是油，而是油水的混合品，更多的是因为能保住水，所以也称补水保湿品。

　　干性皮肤的人要选择含油脂较高、较滋润的保湿品，而油性皮肤的人就要选择含油脂较低、较补水的保湿品，中性皮肤的人选择适中的即可，敏感肌肤要特别注意使用温和无刺激的产品，混合性肌肤要分区域护理。

　　一般霜的油脂含量比乳液、精华高，所以皮肤油腻的人或者油腻的部分区域，一般只用到乳液，冬天的时候就要加上较水润的霜。视皮肤的情况和环境而定，皮肤更需要水就用以补水为主的保湿品，更需要油就用以补油为主的保湿品。

　　面膜、眼膜也可以算一类补水保湿品，但有时候它们也只是补水品，因为种类质地不同，应看说明书，区分使用。皮肤油腻的人选择哪种补水保湿品，要先知道肌肤的缺水情况。越缺水，越要用完整的步骤护肤，补水、保湿都不能少。

1. 极轻缺水	2. 轻微缺水	3. 中度缺水
无肉眼可见表征，但涂上润肤乳十分钟后，面部仍感到紧绷。	肤色暗沉、泛黄，常油光满面，欠缺光泽。	皮肤粗糙不易上妆，涂上粉底后细纹立即浮现，脸动时细纹明显。

4. 极度缺水	5. 严重缺水	6. 极严重缺水
肤质粗糙，鼻翼首先出现毛孔粗大，就算不做任何表情，细纹也越来越明显。	鼻唇沟明显，额头和眼角的皱纹若隐若现，两颊皮肤毛孔也变得粗大。	具有以上所有问题，皮肤会出现脱皮、刺痛等现象，严重时或会长出红疹。

有些不好的习惯，会影响补水保湿的效果。

1. 面膜敷太久

很多人敷保湿面膜（睡眠面膜不算），半小时都舍不得洗掉，怕浪费了营养成分。尤其是面对含有大量营养成分的织布面膜时，这种情况更加多见，甚至有人直接贴面膜过夜，认为敷在脸上时间越长，营养吸收越充分。然而，敷的时间过长，皮肤不仅不能吸收面膜中的养分，反而会使面膜上的营养素蒸发，带走肌肤原有的水分。敷补水面膜要遵照产品推荐的使用时间，一般来说以 10 ~ 15 分钟为宜，敷后应立即涂抹乳液锁水。膏状面膜涂在脸上时间太长也会使皮肤无法呼吸，导致长痘。

2. 洗澡时敷果冻面膜

充满蒸汽的浴室会让面膜中的成分被快速吸收。但洗澡时不宜使用果冻型、剥离型面膜进行补水，因为它们不仅不会让水分被皮肤吸收，反而会让肌肤更干燥，建议洗澡时使用乳霜型面膜。

3. 黄瓜片切下来就敷面

黄瓜中含有大量水分，被很多人视为补水佳品，但其实直接用其敷脸并不可取。刚切下来的黄瓜片表面会生成一种露珠状的黏稠物，会造成皮肤紧绷，使皮肤更加干皱。正确的做法是用黄瓜汁敷脸 20 分钟，再用清水洗净。

4. 护肤品冰箱、常温下两边跑

为了补水保湿的同时给肌肤更清凉的感受，很多人会把护肤品放在冰箱里。护肤品的最佳保存温度在 5 ~ 25℃之间。但如果冰镇后仍存放在常温下，冷热交换会产生酯化现象，补水效果大打折扣。

5. 长期做功能护肤

许多长痘的年轻人都习惯用祛痘产品护肤，但这类外用药大多数含激素，长期使用，不良反应很大，不仅不能有效治痘，还可能使皮肤出现问题。

长期有暗疮困扰的女性，日常护肤品中多含有果酸、A酸类成分，更不适合反复使用物理性去角质产品。去角质是改善肌肤粗糙、毛孔粗大及粉刺的直接方式，但不宜太频繁，如每周去几次，或者全脸进行。

6. 玩完电脑不清洁

很多人喜欢在洗漱完毕后开会儿电脑聊天玩游戏，然后直接上床睡觉。电脑屏幕产生的辐射量虽然很小，但是日积月累后仍会损伤皮肤。频繁使用电脑者，尤其是女性，在上机前最好先涂一些防护用品，比如隔离霜或者粉底等。同时，最好使用电脑防护屏幕。身体和电脑屏幕应该尽可能保持不少于70厘米的距离。临睡前，用完电脑更需要及时清洁肌肤，最好敷张面膜再睡觉。

7. 扮可爱表情太多

现在很多女性喜欢做出丰富的表情扮可爱，但通常脸上最早出现皱纹的部位，就是常受表情肌牵动的部位，像眼尾、眼下、眉心、额头等。实际上，任何拉扯皮肤的动作重复多次都会生皱纹，即使是说话时眨眼睛或挑眉。

8. 面膜敷用不停歇

有人每天敷三种以上的面膜，每种面膜至少一个小时。但是在脸上一直盖着面膜，会让毛孔像戴着口罩一样，不透气，影响营养吸收和油脂正常分泌，甚至引起过敏。频繁地敷面膜，只会让肌肤负担过重，造成肌肤薄弱和缺氧。每天敷面膜不是一种好的护肤方法，一周做两次就可以达到效果。

皮肤油也缺水，十种控油补水方

水是人体不可缺少的营养元素，也是美丽肌肤的第一要素，美白、防晒、控油等，是在补水保湿的基础上完成的。本章教您十种经典控油补水方，由内而外调理，肌肤水嫩光滑很简单。

辨证补水，
适量即可

皮肤油腻、痘痘横生，大都是热盛或缺水引起的。皮肤细胞和人体的其他细胞一样，大部分的成分是水。当水充足的时候，皮肤细胞就会充满活力，表现得细嫩光滑。当水分缺乏的时候，皮肤细胞就如同渴得没有力气的人一样，缺乏活力，且变得干枯、毛糙、满面油光。

给皮肤补水，最常见的是饮用水和护肤品，还可以通过改变所处环境的湿度等方式来补水。不管是哪种补水方式，适量即可，水的需求量必须视每个人所处环境气候（温度、湿度）、活动量、身体健康情况及食物摄取量等而定，没有标准值。

喝水和摄取热量一样，"需要多少，就补充多少"，目前没有确实的科学证据证明喝过多的水对皮肤更好。一下子喝很多水对于缓解肌肤干燥作用微乎其微，因为虽然血液中的水分向皮肤细胞输送，但流过的水分被皮肤细胞吸收得不多，最终还是被代谢掉。而且，喝水太多，有电解质不平衡（钠、钾离子大量流失）、水溶性维生素（如 B 族维生素及维生素 C）容易流失等问题，这些也是锁水的有效营养成分。

成年人每天从尿液（约 1500 毫升）、流汗或皮肤蒸发（约 500 毫升）、呼吸（约 350 毫升）、粪便（约 150 毫升）流失的水分，大约是 2500 毫升。成年人每日通过饮水（约 1200 毫升）、摄食含的水（约 1000 毫升）和体内氧化时释放出的水（约 300 毫升）以维持水的需要量，平均总进水量约 2500 毫升，摄入量等于排出量，维持着体内水平衡，使细胞不发出"渴"的信号。所以，健康的人只要保持正常的饮水量即可。而对于中暑、大汗、感冒、膀胱炎、痛风、肾结石、孕妇和皮

肤干燥出油、便秘等人群，体内处于血液黏滞、热毒多的状态，水相对就不够了，要比平时喝更多一些的水以稀释血液、排出有害废物。

正常人喝过多水对健康不会有太大影响，只是可能造成排尿量增多，引起生活上的不便。但是对于某些特殊人群，喝水量的多少必须特别注意，不能纯粹为了补水美容大量饮水，比如水肿、心肾功能不全的人都不宜喝水过多，以免加重心肾负担导致病情加剧。

人们喝水不能以渴不渴为标准，口渴是人体水分失去平衡、细胞脱水已到一定程度时，中枢神经发出的要求补水信号。口渴才喝水，等于泥土龟裂再灌溉，不利于身体健康及皮肤保养，容易出现皮肤干渴出油。最好在两顿饭之间适量饮水，少量多次，如间隔一个小时喝一杯。一口一口慢慢喝最好，不要大口吞咽，以免喝水太快、太急，无形中把空气一起吞咽下去，引起打嗝或是腹胀，尤其是肠胃虚弱的人。人们还可以根据自己尿液的颜色来判断是否需要多喝水，一般来说，人的尿液为淡黄色，如果颜色太浅，则可能是水喝得过多，如果颜色偏深，则表示需要多补充一些水了。

睡前少喝、睡后多喝也是正确饮水的原则。因为睡前喝过多的水会造成眼皮水肿，半夜也会老跑厕所，使睡眠质量下降。而经过一个晚上的睡眠，人体流失的水分约有450毫升，早上起来需要及时补充，因此早上或午休起床后空腹喝杯水有益血液循环，也能促进大脑清醒。

白开水是最简单、最常喝的饮用水，都市女性多用桶装水（纯净水、矿泉水）或过滤水烧开。很多人也喜欢喝饮料、茶、咖啡等，但饮料糖分高，茶、咖啡会加速排尿，都容易使体内缺水、皮肤干渴出油，所以饮料应少喝，喝茶宜喝淡茶，并且切忌酗咖啡。现在大受欢迎的花草茶、蔬果汁、糖水、汤水，富含有效营养素，能改善皮肤气血，激活皮肤细胞活力，滋润肌肤。

皮肤居于表层，从消化道吸收入体的水供养的是全身，随着年龄增加，皮肤新陈代谢减慢，对血液中水分的吸收率下降，仅靠内养滋润皮肤是不够的，所以从外滋润皮肤也很有必要。护肤品、面膜、加湿器、湿热敷、熏蒸、精油按摩等，都能从表皮给皮肤补充水分或营养，促进肌肤表面水油平衡，减少皮肤干燥、出油。

绿茶

性味 性微寒，味甘。

归经 入心、肺、胃经。

清血脂，减油腻，抗氧化

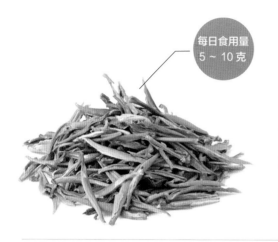

每日食用量
5～10克

饮绿茶，能够降低血液中的胆固醇和三酰甘油，还能增强微血管的韧性和弹性，这是茶里的酚类衍生物、芳香类物质、氨基酸类物质、维生素类物质综合协调的结果，能够抗氧化、促进脂肪分解排泄、降脂减肥，改善体内血液循环，控油补水。

其他功效

绿茶有防辐射、抗癌之效，还能促消化、提神醒脑、利尿降压、护齿明目。

老年人、肝脏病患者、尿结石患者、肠胃病患者和感冒发热者最好不要饮用浓绿茶。另外，不要空腹喝茶、忌喝隔夜茶，也不要用绿茶水服药。

清汤绿茶

原料

绿茶……5克

桂花……3克

鲜薄荷……1片

做法

❶ 将绿茶、桂花、鲜薄荷放入杯中，加温水冲洗干净，滤干。

❷ 倒入适量沸水，加盖闷泡几分钟，至茶汤色浓味香。

❸ 滤取茶汤饮用，可多次冲泡。

（营养功效）

绿茶可单用，也能加柠檬、菊花等一起冲泡。胃肠功能差的人，适合饮用红茶、普洱茶。

薄荷茶

性味 性凉，味辛。
归经 入肺、肝经。

排出毛孔油脂，清凉祛痘

每日食用量
5 ～ 15 克

薄荷具有特殊的芳香、辛辣感和清凉感，含有薄荷脑等挥发性清凉成分，做成茶饮，能通过兴奋中枢神经系统，使皮肤毛细血管扩张，促进汗腺分泌，排出毛孔堆积的油脂，增加散热，从而起到使皮肤清凉、干净、消痘的作用，适合上火长痘、头面油腻者。

其他功效

薄荷有消炎作用，可解炎症性疼痛和呼吸道感染等。外用，有清凉止痒之效。

薄荷性寒凉，不适合胃寒或食积胀痛者饮用；若胃肠积滞化热则可用热水冲泡，趁热饮用。

清爽柠檬薄荷饮

原料
鲜柠檬片……40 克
鲜薄荷叶……几片
冰糖……适量

做法
❶ 取一碗清水，放入鲜薄荷叶，清洗干净，沥干备用。
❷ 将沥干的薄荷叶放入玻璃杯中，加柠檬片、冰糖。
❸ 注入沸水，至冰糖溶化即可饮用。

营养功效

薄荷、柠檬给人的感觉就是清凉，待沸水冲泡转温凉后饮用，很适合去油除痘。

玉米须茶

性味 性平，味甘淡。

归经 入膀胱、胆经。

解暑热油腻，消炎利尿

每日食用量
5 ~ 15 克

玉米须制成茶，气味清香，微甜，有利尿消肿、平肝利胆的功能。其含生物碱、皂苷、糖苷等有效成分，能清除肝胆湿热导致的皮肤油腻。

其他功效

玉米须能治疗肾炎、胆囊炎、胆管结石和高血压等，是"三高"人士的养生佳品，用其煮水喝，能保护心血管健康。

食用注意

玉米须茶一般人群均可食用，体质虚寒者不宜多喝。

玉米须枸杞茶

原料

鲜玉米须……200 克

枸杞……几粒

做法

❶ 将鲜玉米须用清水洗净，捞出、沥干，备用。

❷ 在锅中加入适量清水，水煮沸后加鲜玉米须，大火煮 5 分钟，滤渣取汁。

❸ 在茶汁中加几颗枸杞，稍凉后即可饮用。

营养功效

常被丢弃的玉米须好好利用，能有很好的清暑去湿、控油补水效果。

荷叶茶

性味 性平，味苦。

归经 入肝、脾、胃经。

减肥控油的好帮手

每日食用量
5～10克

荷叶含有多种生物碱、有机酸及维生素 C 等，清香苦涩，有清热解毒、消暑利湿、凉血通络的作用，能降低血液黏度，减少皮肤油脂的排出量，还有很强的抗氧化性，能柔嫩肌肤。

其他功效

荷叶能刮油去脂减肥，有便秘迹象的人一天可多次饮用，能防治高血压、冠心病、胆囊炎、胆结石、脂肪肝、肥胖症等，也能升发脾阳，治暑热泄泻。

食用注意

荷叶第一遍冲泡出的浓茶功效强，体瘦气血虚弱者及孕妇慎用。

荷叶山楂薏米减肥茶

原料

干荷叶……5 克

山楂……2 个

薏米……10 克

枸杞……几粒

做法

❶ 将干荷叶、枸杞和山楂、薏米分别洗净沥干。

❷ 先用清水煮山楂、薏米 25 分钟，再加干荷叶、枸杞续煮 5 分钟。

❸ 滤渣取汁即可饮用。

营养功效

将荷叶、山楂、薏米、枸杞一起冲泡，能加强清血脂、去湿热、控油脂的功效。

薰衣草茶

性味 性凉，味辛。

归经 入肺、心、胃经。

解暑热油腻，消炎利尿

每日食用量
5～15克

薰衣草茶是以干燥的花蕾冲泡而成，具有抑制细菌、平衡油脂分泌、抚慰肌肤的功效，能润肤养颜、控油祛痘。

其他功效

薰衣草具有镇静安眠、解除消化道痉挛、消除肠胃胀气、预防恶心晕眩、缓和焦虑及神经性偏头痛、预防感冒等众多益处，沙哑失声时饮用也有助于声带恢复，有"上班族最佳伙伴"的美名。

食用注意

薰衣草有通经的功效，女性怀孕初期应避免使用。另外，因为薰衣草有降血压的效果，低血压患者慎用。

柠檬薰衣草茶

原料

鲜柠檬……1 片
薰衣草……一小把
冰糖……少许

做法

❶ 将薰衣草用清水冲洗干净，沥干，放入杯中。

❷ 加入冰糖，倒入沸水冲泡 1 分钟，再加鲜柠檬片。

❸ 待冰糖溶化、稍凉后即可饮用。

（营养功效）

与富含维生素 C、有机酸的柠檬一起冲泡，能改善薰衣草茶的口感，加强控油润肤之效。

槐花茶

性味 性微寒，味苦。
归经 入肝、大肠经。

清甜下火，控油祛痘效果好

每日食用量
5~15克

槐花味道清香甘甜，富含维生素、多种矿物质和生物活性成分，具有清热解毒、凉血润肺、降血压的功效，泡一杯槐花茶，能很好地降火控油祛痘。

其他功效

槐花所含芦丁能保持毛细血管正常的抵抗力，防止因毛细血管脆性过大、渗透性过高引起的出血、高血压、糖尿病，服之可预防出血，是治疗便血、皮肤疮疡的常用药。

食用注意

由于槐花比较香甜，糖尿病患者最好不要多吃；胃寒、消化功能不好的人也不宜多吃；过敏性体质的人也应谨慎食用。

枸杞槐花茶

原料
槐花……10克
枸杞……几粒

做法
① 将槐花用清水冲洗干净，捞出沥干水分，备用。
② 在锅中放入适量清水煮沸，加槐花和枸杞，煮5分钟。
③ 滤渣取汁，倒入杯中即可。

（营养功效）
枸杞能柔肝养阴、滋润肌肤，和槐花一起冲泡，对肝火旺盛、油光满面、痘痘多发的女性效果不错。

红花茶

性味 性温，味辛。
归经 入心、肝经。

活血调经作用强

每日食用量
3～10 克

红花含有色素、挥发油、多糖等有效成分，能扩张血管、改善微循环、降脂、消炎、调节内分泌，可以加强皮肤血氧供给，使皮肤红润光泽、不干燥、少长斑，减少因皮肤缺水导致的油腻。

其他功效

红花是通经药，有活血调经、消肿止痛之效，主治妇女月经不调，也能缓解静脉曲张、末梢神经炎、腿脚麻木、瘀青等。

食用注意

孕期、经期不宜饮用。平时不能大量食用，也不适宜长期饮用。其中藏红花还有凉血解毒的功效。

红花活血茶

原料
红花……10 克
冰糖……20 克

做法
❶ 将红花用清水冲洗一遍，捞出沥干水分，备用。
❷ 在锅中放入适量清水烧开，倒入红花、冰糖，续煮 5 分钟。
❸ 滤渣取汁，即可饮用。

营养功效

红花改善血液循环、调经止痛的效果很好，适合经前皮肤特别油腻的女性。

茉莉花茶

性味 性温，味辛甘。
归经 入脾、胃、肝经。

香浓开胃除郁热

每日食用量
5 ~ 10 克

茉莉花性温，气味香馥，能健脾化湿、开郁辟秽、抗菌消炎、行气通络，对食积化热、湿热内蕴、肝郁气滞所致的皮肤油腻、缺水有很好的改善效果。

其他功效

茉莉花对多种细菌有抑制作用，所含的挥发油能行气止痛、解郁散结，对痢疾、腹痛、结膜炎及疮毒等具有很好的消炎解毒止痛作用。

食用注意

一次性喝太多或空腹饮用茉莉花茶，会使人饥饿，甚至头晕目眩。饭后立刻饮用茉莉花茶，会影响消化。

茉莉花冰糖茶

原料
干茉莉花……3 克
冰糖……少许

做法

❶ 将干茉莉花用清水洗净，捞出沥干水分，放入杯中。

❷ 在杯中加少许冰糖，倒入沸水，浸泡5分钟。

❸ 待冰糖溶化，即可饮用。

营养功效

茉莉花直接冲泡，味道较重，用量不要太多，或和茶叶一起冲泡以减轻气味。

菊花茶

性味 性寒，味辛苦。
归经 入肺、肝经。

清热疏风痘痘消

菊花含挥发油、类黄酮等成分，性凉、气味芳香，泡茶饮用，具有清热解毒、疏风利咽、降脂降压、减肥养颜之功效，对上火或肝郁导致的皮肤缺水或油腻长痘都有很好的改善作用。

其他功效

菊花可扩张冠状动脉、增加血流量、降低血压，可养护心脑血管，对恢复眼睛疲劳和视力模糊也有很好的疗效。

食用注意

上火严重者用野菊花，其清热祛痘的效果更好；平时用白菊不伤胃，可长期饮用。

每日食用量
5 ~ 15克

枸杞菊花茶

原料
枸杞……5克
菊花……3克
冰糖……少许

做法
❶ 将菊花、枸杞放入杯中，用凉水冲洗一遍，沥干。
❷ 在杯中加少许冰糖，倒入沸水，加盖闷泡5分钟。
❸ 揭盖，搅匀，待冰糖溶化，即可饮用。

（营养功效）
枸杞有滋阴降火的功效，和菊花一起冲泡，清润祛痘效果更强，还能改善茶的口感。

绞股蓝茶

性味 性寒，味苦。

归经 入肺、脾、肾经。

清肝降脂保健茶

绞股蓝别名"七叶胆"，味甘苦、性微寒，含绞股蓝总苷，其中六种就是人参皂苷，具有类似人参的功能，能增强淋巴细胞的活性，还能抗病毒护肝、降低血脂、抗血栓、镇静镇痛、清热解毒。泡茶饮用，对体内肝胆脾胃湿热、血脂偏高、皮肤油腻爱长痘的女性非常有益。

·绞股蓝浓茶·

其他功效

绞股蓝对老年性记忆减退、老年慢性支气管炎、恶性肿瘤、血小板减少症、白细胞减少症及老年白发等虚证者，均有一定的治疗或改善作用。适合"三高"者、乙肝患者长期饮用，还能消除激素类药物的不良反应、抗癌防癌。

罗布麻茶

性味 性凉，味甘苦。

归经 入肝、肾经。

降压泻火利湿热

罗布麻含有黄酮苷、有机酸等有效成分，专入肝、肾两经，能清肝火、育肾阴、潜肝阳，有清热去湿、利尿消肿之功用，适合肝火旺、皮肤油、痘痘多发的女性。用罗布麻叶加工成的罗布麻茶，不但去除了其毒性成分，且能让其有效成分更充分地被利用，口感达到了传统茶的水平，成为一种能够随时饮用的日常茶饮。

·罗布麻枸杞茶·

其他功效

常饮罗布麻茶，能够起到很好的降压、稳压及预防心脑血管方面疾病的作用，对心脑血管系统及整个身体都是非常有益的。本品作用缓和，可长期泡茶饮用，但脾胃虚寒者慎用。

竹叶茶

性味 性寒，味甘淡。

归经 入胃、心、肺经。

除烦热，脸上不油无痘

竹叶清香，味苦、微甜，含有黄酮苷和香豆素类等有效成分，制成茶饮用，有清热除烦、生津利尿的功效，适合上火者，虚火、实火都有效，能清除上火所致头面油腻、长痘，还能抗氧化、降血脂、改善微循环，有很好的控油护肤功效。

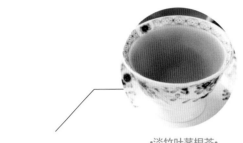

·淡竹叶茅根茶·

其他功效

竹叶茶可以保护心脑血管、抗衰老、抗疲劳、提高人体的免疫功能，烦热不寐、喉咙肿痛、口腔溃疡的人服用有很好的效果。

夏枯草茶

性味 性寒，味辛苦。

归经 入肝、胆经。

解热毒，清暑湿

夏枯草性寒、味苦，为清肝火、散郁结的要药，是凉茶中不可缺少的一味中药，能祛除湿热、防暑降温、消炎止痛，对肝火旺盛、上灼肌肤导致头面油腻、长痘有很好的效果。

·夏枯草菊花茶·

其他功效

夏枯草可用于治疗目赤肿痛、头痛眩晕、甲状腺肿大、淋巴结结核、乳腺增生、高血压等。

玫瑰花茶

性味 性温，味甘苦。
归经 入肝、脾、胃经。

经期油腻长痘就用它

玫瑰花性温，气味浓郁，可缓和情绪、平衡内分泌、改善血液循环、疏肝暖胃、化湿和中，起到理血淡斑、控油祛痘、美颜润肤之效，对容易生气、月经不调、皮肤油腻、爱长痘等肝郁气滞、胃寒食积、中焦湿热的女性效果特别好。

·金菊玫瑰花茶·

其他功效

玫瑰花对肝胃、气血有调理作用，可消除疲劳、改善体质、助消化、消脂肪，适合肥胖或疲乏的女性食用。玫瑰花还能疏肝和胃、活血散瘀，治胸闷呕恶、跌打损伤、痈肿或乳痈初起。

金银花茶

性味 性寒，味甘苦。
归经 入肺、心、胃经。

银花祛火疗效好

金银花甘苦寒凉，气味芳香，适合热性体质者，有广谱抗菌、抗病毒作用，能缓解急性炎症、增强免疫力、预防肿瘤、降低胆固醇，起到清热解毒、消炎抗菌、凉血祛痘之效，皮肤红肿热痛、油腻上火时，泡一杯金银花茶可以很快泻火祛痘。

·茉莉金银花茶·

其他功效

经常以金银花泡水代茶饮可治疗风热感冒、咽喉肿痛和预防上呼吸道感染，夏天还能够预防中暑和夏季肠炎。平时经常饮用有缓泻的效果，能清肠排毒，有益于减肥瘦身。

蔬果汁

蜜橙汁

橙子含有丰富的维生素C、矿物质、有机酸等抗氧化、凉润生津成分，能营养、改善肤质，减少皮肤干燥出油。

原料
橙子……150克
蜂蜜……12克
凉开水……适量

做法
❶ 将橙子去皮，切块，放入榨汁机中。
❷ 加适量凉开水，榨取果汁。
❸ 倒出果汁到杯中，加蜂蜜调匀即可。

西瓜汁

西瓜含有大量水分、糖、多种氨基酸、维生素、矿物质等，是夏天皮肤油腻者的最佳伴侣，能很好地清解暑热、生津解渴。

原料
西瓜……适量
凉开水……适量

做法
❶ 将西瓜皮、肉分开，刮去最外面一侧的绿衣。
❷ 将西瓜肉切小块，去绿衣的西瓜皮搓成丝，放入榨汁机中。
❸ 加适量凉开水，榨取果汁即可。

苹果汁

苹果汁能助消化、减少胃肠积滞、润肠排毒，体内热毒少，皮肤水润光滑，不会因干燥导致皮脂腺过度分泌，还能补铁补血、美容护肤。

原料
苹果……1 个
凉开水……适量

做法
❶ 将苹果洗净，切开，去核，切小块。
❷ 取出榨汁机，放入苹果块，加适量凉开水，榨取果汁。
❸ 倒出果汁即可饮用。

无花果葡萄柚汁

果汁清甜可口，能起到帮助消化、清热生津、降低血脂、润肠排毒之效，很适合皮肤油腻、爱长痘的女性饮用。

原料
葡萄柚……100 克
无花果……40 克
冰糖……适量
凉开水……适量

做法
❶ 葡萄柚去皮取肉，切碎；无花果洗净，用凉开水泡发 30 分钟。
❷ 将葡萄柚肉、泡发的无花果和水、冰糖倒入榨汁机中，加适量凉开水。
❸ 通电榨成汁即可。

西红柿汁

西红柿含有维生素、有机色素、矿物质等多种抗氧化成分，能促进皮肤新陈代谢，滋润肌肤，减少干燥发油。

原料
西红柿……1 个
凉开水……适量

做法
1. 将西红柿洗净、去蒂，用刀切成小块，备用。
2. 取出榨汁机，放入西红柿块，倒入适量凉开水。
3. 通电榨成汁即可。

胡萝卜汁

胡萝卜含有胡萝卜素、B 族维生素、维生素 C、矿物质、膳食纤维等营养成分，具有降低胆固醇、滋润皮肤、延缓衰老等功效。长期饮用，皮肤水润，油脂分泌减少。

原料
胡萝卜……1 根
凉开水……适量

做法
1. 胡萝卜去皮洗净，切小块。
2. 取出榨汁机，放入胡萝卜块，倒入适量凉开水。
3. 通电榨成汁即可。

黄瓜汁

黄瓜清香，富含维生素 C、微量元素等营养物质，有促进新陈代谢、滋润肌肤、清热利尿的功效，能促进皮肤水油平衡。

原料
黄瓜……1 根
蜂蜜……适量
凉开水……适量

做法
❶ 黄瓜洗净，切小块。
❷ 取出榨汁机，放入黄瓜块，倒入适量凉开水。
❸ 通电榨成汁，倒出调入蜂蜜即可。

猕猴桃雪梨汁

猕猴桃、雪梨水分多，有机酸、维生素、矿物质等含量丰富，有很强的抗氧化性，能加强皮肤水分、营养，减少皮肤干燥油腻。

原料
猕猴桃……180 克
雪梨……250 克
冰糖……适量
凉开水……适量

做法
❶ 猕猴桃去皮，对半切开。
❷ 雪梨去皮去核，洗净，切小块。
❸ 将猕猴桃、雪梨块、冰糖放入榨汁机中，加适量凉开水，榨成汁即可。

草莓西芹汁

草莓酸甜可口，具有清热生津、利尿排毒的功效，西芹富含膳食纤维，能降血脂、促进皮肤新陈代谢，一起榨成汁饮用，控油祛痘的效果更好。

原料
草莓……4 个
西芹……40 克
白糖……30 克
凉开水……适量

做法
① 草莓摘叶洗净，西芹洗净切小段。
② 将草莓、西芹段、白糖放入榨汁机中，加适量凉开水。
③ 通电榨成汁即可。

蜂蜜雪梨莲藕汁

生莲藕能清热生津、凉血通络，雪梨水分足、清热润肺效果好，一起榨成汁，加点润肠排毒、调节口感的蜂蜜，对热性体质、容易便秘、油光满面的女性很有效。

原料
莲藕……300 克
雪梨……200 克
蜂蜜……20 克
温开水……少量

做法
① 莲藕去皮切小块。
② 雪梨去皮、去核，切小块。
③ 将莲藕块、雪梨块倒入榨汁机中，加适量温开水榨成汁，倒出后调入蜂蜜即可。

白芍炖梨

梨水分多，和白芍、麦冬、西洋参一样都
具有清热生津、凉血解毒、润肤养颜的功效，
能凉润肌肤，减少皮肤因内热缺水变得油
腻痘出。

原料
梨……200 克
白芍……3 克
麦冬……5 克
西洋参……2 克
冰糖……少许

做法
① 梨去皮、去核洗净，切大块。
② 将梨块、冰糖和洗净的白芍、麦冬、西
洋参一起煲煮 30 分钟即可。

木瓜银耳炖鹌鹑蛋

用鹌鹑蛋、红枣、木瓜和银耳等一起煮，
色泽清透，味道香醇，能促进皮肤代谢、
滋养肌肤，使其水润光滑，减少干燥出油
长痘。

原料
木瓜……200 克   红枣……20 克
水发银耳……100 克   枸杞……10 克
鹌鹑蛋……90 克   白糖……适量

做法
① 木瓜去皮、去籽，洗净切小块；水发银
耳洗净，撕小朵；鹌鹑蛋、红枣、枸杞
洗净，沥干。
② 将木瓜块、小朵银耳、鹌鹑蛋、红枣、
枸杞、白糖一起用水炖煮 40 分钟即可。

海带绿豆糖水

海带和绿豆都能清热祛痘、去湿消脂、控油瘦身，因此这款糖水是肥胖、湿热体质、脸易出油长痘女性的福音。

原料

海带丝……70 克

绿豆……100 克

冰糖……50 克

做法

❶ 将海带丝洗净，沥干，备用。

❷ 将绿豆泡发 30 分钟。

❸ 先将绿豆用水煲煮约 20 分钟裂开后，再加海带丝、冰糖续煮 15 分钟即可。

红豆薏米糖水

红豆、薏米都能通利小便、调节内分泌，具有利尿消肿、补血养颜、健脾益胃、通气除烦等功效，能健脾补肾、控油祛痘。

原料

水发红豆……100 克

水发薏米……80 克

牛奶……100 毫升

冰糖……30 克

做法

❶ 将红豆、薏米洗净，沥干备用。

❷ 先用水煮红豆、薏米 30 分钟至熟。

❸ 关火，倒出材料，加冰糖和牛奶，搅匀至糖溶化即可。

百合雪梨银耳羹

银耳、雪梨、百合、枸杞、冰糖都是清凉滋阴之品，滋润养护肌肤的效果很好，还能加快体内热毒从尿液排出，有很好的补水控油祛痘效果。

原料
银耳……100 克
百合……25 克
雪梨……1 个
枸杞……5 克

做法
❶ 将银耳泡发，撕小朵；雪梨去皮、去核，切小块；百合、枸杞洗净沥干。
❷ 将所有材料一起放入锅中，加水炖煮 40 分钟即可。

木瓜皂角米银耳羹

木瓜皂角米银耳羹是一款能润肤养颜、利尿去湿、清润祛痘的滋补汤水，其皂角米、银耳富含天然植物胶原，可以补充皮肤各层所需要的营养，使皮肤水润光滑，避免刺激皮脂过度分泌。

原料
皂角米、银耳、枸杞、冰糖……各适量
木瓜块……200 克

做法
❶ 将各材料洗净沥干，放入锅中。
❷ 在锅中加木瓜块和适量水，大火煮沸后转小火续煮至熟即可。

养颜燕窝羹

燕窝含有优质蛋白质、膳食纤维和多种矿物质、维生素等营养成分，具有养阴、润燥、补水养颜之效。皮肤细胞水分充足，不刺激皮脂分泌，皮肤就不会显得油腻。

原料
燕窝……45 克
冰糖……20 克

做法
❶ 燕窝泡发，清除杂质，沥干。
❷ 将燕窝放入瓷罐中，加冰糖和适量水，盖上盖，隔水炖煮 40 分钟至熟。

雪梨竹蔗粉葛糖水

粉葛能清热生津，雪梨能清热润燥，竹蔗能清热生津、利尿去湿，胡萝卜可抗氧化、美颜，一起做成糖水，色泽亮丽，让人胃口大开，对皮肤有很好的改善作用。

原料
雪梨块……150 克
竹蔗段……50 克
胡萝卜……70 克
粉葛……40 克

做法
❶ 胡萝卜、粉葛去皮，切小块。
❷ 将所有材料洗净沥干，放入锅中，加水，大火煮沸后转小火煮 40 分钟即可。

马蹄胡萝卜茅根糖水

马蹄、茅根有清热排毒、生津润燥的功效，胡萝卜食后能补充维生素 A，可缓解皮肤干燥。这款糖水清新甜润，能润肤祛痘，很适合在炎夏油光满面时饮用。胡萝卜的味道稍重，去皮后可以浸在盐水里。

原料
马蹄……150 克
胡萝卜……180 克
茅根……30 克
冰糖……30 克

做法
❶ 马蹄、胡萝卜去皮、切小块；茅根洗净。
❷ 将所有材料放入锅中，加水，大火煮沸后转小火煮 40 分钟即可。

茅根竹蔗水

茅根、竹蔗味甘性寒，搭配煮糖水，可以清热祛火、生津止渴、润肤排毒，对体内湿热过重、皮肤油腻、爱长痘的女性有很好的效果，能清利肌肤、控油祛痘。

原料
竹蔗段……70 克
茅根……30 克
冰糖……适量

做法
❶ 将竹蔗段、茅根洗净沥干，放入锅中。
❷ 倒入冰糖，加适量水，用大火煮开后，转小火续煮 30 分钟。

雪蛤油木瓜甜汤

雪蛤油含胶原蛋白、氨基酸及核酸等，可促进皮肤组织的新陈代谢、调节体内激素水平，使肌肤光洁细腻、水润柔嫩。加上能改善皮肤气血、美颜润肤的木瓜、椰奶、红枣做成甜汤，很适合雄激素偏高、皮脂腺过度分泌的女性。

原料

木瓜……160 克　　水发西米……110 克
红枣……45 克　　水发雪蛤油……90 克
椰奶……30 毫升

做法

❶ 木瓜去皮、去籽，切小块。
❷ 锅中加水、红枣、雪蛤油，煮开后放入西米、木瓜块、椰奶续煮 20 分钟至熟。

罗汉果灵芝甘草糖水

罗汉果具有清热生津、润燥通便的功效，灵芝能改善肤质、延缓皮肤衰老，甘草有消炎、调节体内激素水平之效，一起煮成糖水，有清利肌肤、祛痘的效果。灵芝不宜放太多，否则会有苦味。

原料

罗汉果……6 克
灵芝、甘草……各少许
冰糖……20 克

做法

❶ 罗汉果洗净，掰碎；灵芝、甘草洗净沥干。
❷ 将罗汉果、灵芝、甘草、冰糖一起放入锅中，加水烧开后转小火续煮 30 分钟即可。

银耳红枣莲子糖水

银耳红枣莲子糖水，很多人都吃过，是一款很有效的润肤美肌甜品，非常适合女性食用。皮肤油腻的女性也很合用，能健脾润胃、清利滋润肌肤、减少皮肤出油。

原料

银耳、红枣、莲子、冰糖……各适量

做法

❶ 将银耳、红枣、莲子洗净，放入锅中，加水浸泡 15 分钟。

❷ 倒入冰糖，开火煮沸后转小火续煮 40 分钟即可。

桂圆红枣银耳羹

桂圆、红枣改善皮肤气血的效果很好，银耳富含胶质，能清利滋润肌肤，一起做成羹，促进皮肤新陈代谢的效果更好，能使皮肤恢复红润，减少因皮肤干燥导致的皮脂腺过度分泌。

原料

水发银耳……150 克　　红枣……30 克
桂圆肉……25 克　　　白糖……20 克
水淀粉……10 克

做法

❶ 将水发银耳撕小朵；红枣、桂圆肉洗净。

❷ 将小朵银耳、红枣、桂圆肉放入锅中，加水、冰糖、水淀粉，大火煮开后转小火煮 40 分钟即可。

白菜豆腐肉丸汤

此汤能清热凉血、滋阴润肤、益气补血，能促进皮肤恢复水润光泽，减少皮肤油腻。其他寒凉的蔬菜如西洋菜、苦瓜、丝瓜等都能做成清汤，有相似的功效。

原料

肉丸……240 克	盐……1 克
水发黑木耳……55 克	鸡粉……2 克
大白菜……100 克	胡椒粉……2 克
豆腐……85 克	芝麻油……适量
姜片、葱花……各少许	

做法

❶ 先放姜片、肉丸、豆腐和黑木耳煮一会儿。

❷ 再加白菜煮至熟，最后调味，盛起后撒上葱花即可。

黄豆马蹄鸭肉汤

鸭肉性凉，能滋阴润燥，与清热生津的马蹄、平衡内分泌的黄豆一起煮汤，对激素失调、体热、皮肤爱出油的女性有辅助食疗功效。鸭肉与莲子、白菜、枸杞、虫草、玉竹等搭配，都有清利滋润肌肤的功效。

原料

鸭肉……500 克	料酒……20 毫升
马蹄……110 克	盐……2 克
水发黄豆……120 克	鸡粉……2 克
姜片……20 克	

做法

❶ 先把鸭肉氽去血水，捞出沥干。

❷ 然后把鸭肉放入锅中，加水和黄豆、马蹄、料酒、姜片一起煮至熟，最后调味即可。

干贝冬瓜芡实汤

干贝蛋白质、维生素、矿物质含量高，有助于降低胆固醇，能滋阴润肤。冬瓜能清热解毒、利尿去湿，芡实能补益脾肾、除湿止带。三者与排骨一起煮，能控油祛痘润肤。

原料

冬瓜……125 克	蜜枣……3 个
排骨块……240 克	姜片……少许
水发芡实……80 克	盐……2 克
水发干贝……30 克	

做法

❶ 排骨先汆去血水，然后另加水和芡实、蜜枣、干贝、姜片一起煮至熟。

❷ 再加冬瓜继续煮至熟，起锅前加盐调味。

鸡骨草煲生鱼

鸡骨草能清热解毒、疏肝散瘀、益胃健脾，鱼肉富含优质蛋白和脂肪，能补虚瘦身。两者一起煲汤，既营养又解热毒、油腻，能很好地润肤祛痘。鸡骨草煲排骨、瘦肉等油脂含量少的优质肉，也有一样的效果。

原料

生鱼肉……350 克	姜片、葱段……各少许
鸡骨草……少许	盐、油……各适量

做法

❶ 将处理干净的生鱼肉切成大块，把鸡骨草放入隔渣袋中扎好备用。

❷ 热油锅爆香姜片，用中小火煎鱼肉块至皮变焦黄，加水煮沸去沫。再加鸡骨草袋、姜片、葱段，盖上盖用小火煲30分钟。起锅前，拿出药包，加盐调味即可。

莲子干贝煮冬瓜

莲子能补脾止泻、养心安神、养颜防衰；冬瓜能清热解毒、利尿去湿；干贝能滋阴补肾、和胃调中。三者同食，助你排毒养颜一身轻松。冬瓜可以不去皮，这样降火去湿的功效更佳。

原料

水发干贝……15 克　　　冬瓜……800 克
莲子……15 克　　　　　料酒……5 毫升
盐、鸡粉……各 1 克

做法

❶ 干贝撕成丝，冬瓜去瓤切大块，和莲子一起加水倒入锅中，加料酒去腥，煮30 分钟至熟。

❷ 起锅前加盐、鸡粉调味即可。

橄榄白萝卜排骨汤

排骨营养丰富，能益气补血、滋润肌肤，橄榄有清肺利咽、生津止渴、解毒消积之效，白萝卜能清肠胃、降脂解腻。三者煲汤，汤味甘甜，对体内湿热过重导致皮肤油腻、长痘的效果很好。

原料

排骨段……300 克　　　姜片、葱花……各少许
白萝卜……300 克　　　盐、鸡粉……各 2 克
青橄榄……25 克　　　　料酒……适量

做法

❶ 白萝卜去皮切小块，排骨段氽去血水。

❷ 砂锅中加水、排骨段、青橄榄、姜片，淋入少许料酒，煲煮 1 小时。

❸ 再加白萝卜块续煮至熟，加盐、鸡粉调味，起锅前撒上葱花即可。

五指毛桃健体补气汤

这是客家传统靓汤之一，有淡淡的椰香味。五指毛桃具有补气利湿、舒筋活络、解毒强身、延缓衰老的作用，与补气血、养肌肤的黄芪、怀山药、桂圆肉、蜜枣搭配，能改善皮肤气血、恢复皮肤水油平衡。

原料

五指毛桃、黄芪、山药、桂圆肉、蜜枣……各适量

土鸡……200 克　　　盐……2 克

做法

❶ 将五指毛桃、黄芪装入隔渣袋、扎紧，浸泡 10 分钟；用水泡发山药 10 分钟。

❷ 土鸡汆去血水放入锅中，加水、隔渣袋、山药，小火炖 1 小时后再放入桂圆肉、蜜枣，续煮 20 分钟，起锅前加盐调味。

黄豆蛤蜊豆腐汤

蛤蜊、豆腐和黄豆，三者同食，充分提供身体所需蛋白质。汤汁浓白，味道鲜美，能促使体内激素恢复平衡、降低血脂，也能凉润肌肤、控油补水。

原料

水发黄豆……95 克　　姜片、葱花……各少许
豆腐……200 克　　　盐、鸡粉……各 2 克
蛤蜊……200 克　　　胡椒粉……适量

做法

❶ 豆腐切小块，蛤蜊洗去泥沙。

❷ 先加水煮黄豆 20 分钟至熟软，再加豆腐、蛤蜊、姜片，续煮至熟。

❸ 最后加盐、鸡粉、胡椒粉调味，盛出撒上葱花更美味。

西洋参麦冬鲜鸡汤

麦冬能养阴生津、清热润燥，西洋参既补气又养阴，能调节体质、改善皮肤气血，鸡肉营养丰富，能调节内分泌，一起煲出的汤滋味鲜美，润肤控油的效果很好。

原料

鸡肉……400 克　　　　姜片……少许
麦冬……20 克　　　　盐……3 克
西洋参……10 克

做法

❶ 鸡肉过沸水氽去血沫，捞出沥干。
❷ 砂锅中加水烧开，放入鸡肉、麦冬、西洋参、姜片，大火烧开后转小火煮 1 小时，起锅前加盐调味即可。

霸王花杏仁薏米汤

汤中所用的霸王花清热解毒，杏仁止咳润肠，薏米、扁豆健脾去湿，无花果滋补消肿，土茯苓清热除湿。六种材料搭配在一起煲瘦肉，能有效滋补身体、荣润肌肤、驱散体内湿热之气，是一道清补的汤水。

原料

霸王花、薏米、扁豆、无花果、杏仁、土茯苓……各适量
瘦肉……200 克　　　　盐……2 克

做法

❶ 用水泡发各材料，瘦肉氽去浮沫。
❷ 锅中加水、瘦肉和各材料，大火烧开后转小火煲 1 ~ 2 小时，起锅前加盐调味即可。

绿茶甘油爽肤水

让皮肤变得明亮、有良好收缩效果的绿茶爽肤水，能使皮肤变得更有弹性。其中的乳酸蛋白还能收缩毛孔，对长痘的皮肤也很有效。尤其适合夏天使用。此款爽肤水最适合稍微偏油性的肌肤（干性皮肤不适用），最大功效是清爽去油、收缩毛孔、嫩滑肌肤。

材料

绿茶少量   甘油少许   热开水适量

做法

❶ 将水烧开至沸点，稍微冷却后，放入绿茶完全泡开。

❷ 将茶叶与残渣滤出，冷却后滴入 4 ~ 5 滴甘油，放在冰箱里保存即可。

绿茶柠檬喷雾

绿茶有控油清爽、抗氧化、美白的效果，柠檬滋润美白的效果也很强，维生素 E 能加强润肤功效。这也是一款很适合夏日使用的爽肤水。但要注意一次不要泡得太多，够三天的量就可以了。

材料

柠檬少许   绿茶少许   维生素 E 一片

做法

❶ 绿茶在矿泉水里泡 5 小时，然后在水里滴一点柠檬汁，加入维生素 E。

❷ 将材料摇匀，滤渣后灌在喷雾瓶里就可以马上享用了。

芦荟柠檬爽肤水

美白、清洁皮肤、控油防痘是这款爽肤水的功效。芦荟是出色的美容材料，不仅能使皮肤透明亮白，还能防止皮肤老化，更适合夏天使用。柠檬富含维生素 C，能抗氧化、滋润肌肤。白葡萄酒能改善皮肤血液循环，促进皮肤的新陈代谢。

材料

芦荟一小块　　　　　　柠檬半个　　　　　　白葡萄酒适量

做法

❶ 芦荟和柠檬去皮后切碎，放入瓶子内。

❷ 再倒入白葡萄酒，放在冰箱里可以保存 20 天左右。

白葡萄酒爽肤水

白葡萄酒具有较强的保湿效果，能够使粗糙的皮肤变得湿润亮泽。它所具有的加快血流、抑菌消炎、收缩作用能够使皮肤更加洁净，但敏感性皮肤必须在使用前进行测试。

材料

明矾一匙　　　　白葡萄酒 500 毫升　　　　蜂蜜一匙

做法

❶ 在白葡萄酒中加入明矾搅拌至溶解，再放入 1 匙蜂蜜搅拌至各种材料均匀混合。

❷ 装入有盖子的玻璃瓶里，放进冰箱内保存。使用时用化妆棉蘸取少量擦拭面部即可。

抗过敏爽肤水

这款爽肤水优点在于无刺激，效果好，特别适用于青春期的女孩。这种自制的爽肤水最好存放在冰箱里。注意此款爽肤水不宜单独使用，用后需擦干或涂保湿乳液。

材料

矿泉水一瓶　　　　　维生素 C 一片　　　　复合 B 族维生素一片

做法

❶ 用买来的消毒瓶装好矿泉水，放入一片维生素 C 和一片复合 B 族维生素。

❷ 完全溶解后，摇匀，放冰箱冷存。

美白祛痘爽肤水

维生素 C 有抗氧化、美白的作用；复合 B 族维生素能帮助消炎抗菌，对油性皮肤有很好的效果；谷维素片能镇静肌肤，抗过敏；因为皮肤是弱酸性的，加水杨酸有助于皮肤吸收营养。

材料

维生素 C 一片
复合 B 族维生素一片　　　　谷维素片一片　　　　水杨酸片一片

做法

❶ 将以上药片用干净的袋子装着，压成碎末，放入消毒瓶里。

❷ 往消毒瓶里加 50 毫升的纯净水，待溶解后摇匀，放冰箱冷存。

维生素 C 美白保湿喷雾

维生素 C 能加速皮肤新陈代谢、修复美白肌肤，甘油补水、滋润、保湿的效果很好。此款保湿水能在肌肤外形成一层保护膜。

材料

维生素 C 一片　　　　甘油一瓶　　　　凉开水适量

做法
❶ 在干净的喷雾瓶中放入一片维生素 C 和适量的凉开水，滴入几滴甘油。
❷ 摇匀至完全溶解。

消炎祛痘爽肤水

茶树精油具有很好的消炎防腐、镇静肌肤作用，薰衣草纯露则有收敛、美白、软化角质的功能，洋甘菊纯露镇静、安抚、美白，透明质酸配合甘油可以达到更好的保湿效果。

材料

甘油适量　　　　薰衣草纯露适量　　　　透明质酸适量
纯水适量　　　　洋甘菊纯露适量　　　　茶树精油 3 滴

做法
甘油、薰衣草纯露、洋甘菊纯露、纯水、透明质酸以 10：40：20：27：3 的比例调成 100 毫升，滴入 3 滴茶树精油，混合均匀。装入消毒瓶中，放冰箱冷藏。

洋葱柠檬爽肤水

这是一种收缩毛孔兼美白的爽肤水。洋葱可以消毒，柠檬可以收缩毛孔，还可以美白肌肤。经常使用，你会发现毛孔缩小了，肌肤光滑细腻了，而且还有美白的效果。

材料

柠檬汁少许　　　　　洋葱半个　　　　　饮用水适量

做法

❶ 将洋葱洗净沥干，切成碎末，放入水中煮 15 分钟后取出汁。

❷ 冷却后加上柠檬汁搅拌均匀即可。

玫瑰爽肤水

蜂蜜中含有的营养成分有益于皮肤健康，还能闻到淡淡的玫瑰味，无须额外使用香水仍能保留持久的香味。适合干性、中性、混合性皮肤，每周使用 2 ~ 3 次即可。

材料

玫瑰花瓣一把　　　　白酒 1/3 瓶　　　　苹果醋三大匙
　　　　　　　　　　　　　　　　　　　蜂蜜一大匙

做法

❶ 在水壶内倒入玫瑰花瓣和白酒，煮约 15 分钟。

❷ 凉凉后，加蜂蜜、苹果醋搅匀，装入有盖子的玻璃瓶里保存。

玫瑰花露喷雾

这种玫瑰花露喷雾可以平衡皮肤的 pH 值，还有极强的保湿功能。但在购买玫瑰花露的时候，一定要咨询是否为玫瑰饱和纯露，如果是饱和纯露，加入蒸馏水的比例还要加倍。

材料

玫瑰花露一瓶　　　　　　　　　蒸馏水适量

做法

❶ 将普通玫瑰花露以 1 ∶ 1 的比例混入蒸馏水中（要注意千万别用矿泉水）。

❷ 用力摇匀后放置 24 小时，放入喷雾瓶中。

菊花甘油清润喷雾

菊花有消炎、收敛、镇定皮肤的功效，甘油能锁住肌肤的水分、保湿滋润。此款喷雾很适合在夏季使用。

材料

菊花十五朵　　　　　　甘油少许　　　　　　沸水适量

做法

❶ 将沸水倒入装有 15 朵菊花的杯子中，静泡至凉。

❷ 冷却后过滤菊花，滴入 4 ~ 5 滴甘油，灌入有喷头的容器内，放在冰箱里保存即可。

芦荟丝瓜甘油喷雾

这款喷雾有清洁美白、控油祛痘、保湿滋润、增强皮肤弹性的功效。

材料

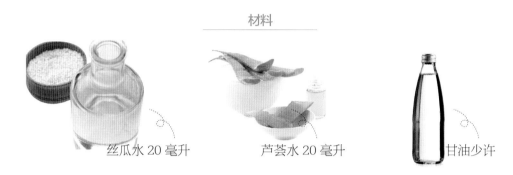

丝瓜水 20 毫升　　　　芦荟水 20 毫升　　　　甘油少许

做法

❶ 取芦荟水和丝瓜水各 20 毫升置入喷雾瓶中，然后向其中滴几滴甘油。

❷ 用力摇匀后，放入冰箱中保存。

牛奶白润喷雾

往脸部喷完此喷雾后，用干净的纸巾沾水擦拭一下就可以了，再涂上护肤品，就会感觉清爽很多。此款喷雾有美白、保湿之效。

材料

矿泉水适量　　　　　　脱脂牛奶适量

做法

❶ 先在喷雾小瓶子里加入 3 勺脱脂牛奶，然后再加入两倍的矿泉水。

❷ 最后摇晃均匀，放在冰箱里保存即可。

黑啤甘油清润喷雾

黑啤的原料黑麦有显著的保湿功效，而啤酒中的蛇麻子是天然的清凉剂。这款自制喷雾不但能补充水分，还能让暴晒红肿的皮肤冰冰凉凉，随时随地都舒适。

材料

纯正黑啤 500 毫升　　　　甘油 5 克　　　　矿泉水 200 毫升

做法

❶ 将纯正黑啤 500 毫升加热 2 分钟（为去除多余酒精）。

❷ 待即将冷却时，倒入装有 5 克甘油和 200 毫升矿泉水的瓶中，充分搅拌即可。

竹叶祛痘保湿喷雾

竹叶在中药里是祛火的良药，能加快痘痘的消除，此外还含有大量的天然保湿因子"硅"，加上甘油能非常有效地防止水分流失，在肌肤上形成滋润保护膜。

材料

矿泉水 1000 毫升　　　　竹叶 500 克　　　　甘油少许

做法

❶ 将 500 克竹叶剪碎，放入 1000 毫升矿泉水中，文火煮 5 分钟。

❷ 冷却后加入几滴甘油充分搅拌，放入喷雾瓶中即可。

红酒玫瑰补水喷雾

红葡萄酒能加快皮肤血液循环和代谢，还具有非常好的保湿作用，玫瑰花能温和呵护肌肤，除了保湿还能让脸部皮肤变得自然红润白皙。长期使用，能让皮肤变得水水润润。

材料

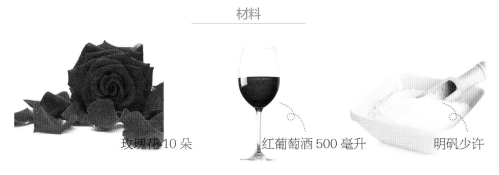

玫瑰花10朵　　　红葡萄酒500毫升　　　明矾少许

做法

❶ 将500毫升红葡萄酒用微火加热，加10朵玫瑰花继续加热10分钟，放入微量明矾至溶化。

❷ 将冷却后的液体装入喷雾瓶即可，为防止堵塞，可滤渣后再装入瓶中。

白醋甘油爽肤水

白醋能软化角质、平衡油腻肌肤的 pH 值，使护肤品更容易被肌肤吸收，甘油能滋润肌肤、减少干燥导致的油脂过量分泌。

材料

白醋少许　　　甘油适量　　　矿泉水适量

做法

❶ 将矿泉水倒入容器中，再滴入适量甘油（量根据个人肤质不同添加）。

❷ 继续滴入 2 ~ 3 滴白醋（不可多加），充分摇晃均匀。

野菊花控油面膜

野菊花清热解毒、消炎祛痘的功效强，柠檬抗氧化、美白润肤的功效好，一起敷脸能润肤美白祛痘。

材料

野菊花 50 克

柠檬 40 克

面膜纸 1 张

做法

❶ 将野菊花用水熬煮 5 分钟，滤渣取汁。将柠檬榨汁后，与野菊花汁混合搅拌均匀。

❷ 温水洁面后，用面膜纸蘸取汁液，敷在脸上，15 分钟后将面膜纸取下。

生梨杏仁油面膜

生梨富含水分、果糖、有机酸、矿物质、维生素，有很好的清润美白功效，加杏仁油保湿效果更好，能使油性皮肤变得细嫩，且可兼治粉刺。

材料

生梨 6 个

杏仁油 1 汤匙

做法

❶ 将 6 个梨子煮透，凉后去皮、去核、压烂成泥，再加 1 汤匙杏仁油，搅拌均匀。

❷ 将泥糊敷在洗净的面部，10 ~ 15 分钟后洁面。

燕麦牛奶面膜

这是一款控油润肤的面膜，也能食用，有很好的清洁、去角质作用，能去脸部油腻，也能美白滋润肌肤。

材料

燕麦适量　　　　　　牛奶适量　　　　　　蜂蜜适量

做法

❶ 把燕麦片同牛奶调成膏状，加蜂蜜搅拌均匀。

❷ 均匀地敷在脸部，10～15分钟后用温水洗去，再用冷水净脸。

酵母酸奶控油面膜

这款面膜非常温和，很适合敏感性肌肤使用，能柔嫩肌肤，促进肌肤新陈代谢，使毛孔细致。皮肤油腻者，不妨考虑经常使用（每周可使用3次）。长期坚持，会发现肌肤不止毛孔变小、粉刺变少，连肤色也会变得比较白皙透亮。

材料

酵母粉1茶匙　　　　　　　　　原味酸奶2茶匙

做法

❶ 将酵母粉、原味酸奶混合，搅拌均匀。

❷ 将调制好的面膜敷于脸上（避开眼部及唇周），10～15分钟后用冷水冲洗干净。

珍珠粉面膜

珍珠粉有清爽控油、美白的效果，加上蜂蜜，滋润控油祛痘效果更好。珍珠粉还可以混在洗面奶里洁面，能起到深层清洁和一定程度的控油作用。

材料

珍珠粉适量　　　　　蜂蜜少许　　　　　矿泉水适量

做法
❶ 将珍珠粉、蜂蜜、矿泉水混合调匀，不要调得太稀，以免滴洒到衣服上。
❷ 用调成的粉敷洗净后的脸，敷时可喷水保持湿润，30 分钟后洗净。

银耳面膜

银耳、白芷、玉竹均能滋养肌肤，茯苓能祛色斑，并引导诸药深入肌肤。此面膜能减少夜间皮脂腺的分泌，使白天的皮肤显得清爽。但面部患有皮炎的人要慎用。

材料

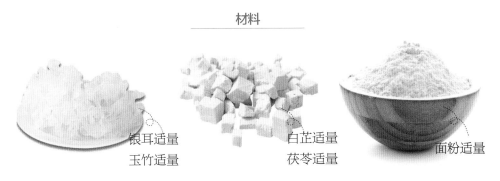

银耳适量　　　　　　白芷适量　　　　　　面粉适量
玉竹适量　　　　　　茯苓适量

做法
❶ 将银耳、玉竹、白芷、茯苓研成粉末，等比例混合。
❷ 每晚取混合粉末 5 克，配面粉 3 克用水调匀，用粉糊涂面，次日清晨洗去。

醋盐水面膜

醋盐水能有效软化角质，有利于皮肤吸收营养，还能抑菌消炎，加快痘痘的消除。配好后保存得当，可长期使用。

材料

白醋少许　　　　食盐少许　　　　面膜纸一张

做法

❶ 按水：白醋：盐＝9：3：1的比例调成混合液。

❷ 将一张面膜纸浸入其中，完全浸润后，取出敷于脸上5~10分钟后取下，用清水洁面。

丹栀芩花面膜

此款面膜有控油祛痘、改善肌肤气血的功效。其中黄芩、栀子、金银花有清热控油、消炎祛痘的作用；丹参能活血化瘀、促进皮肤营养代谢，一助黄芩等控油祛痘，二除囊肿消瘢痕。所以本面膜对青春痘化脓形成囊肿性痤疮有较好的疗效。

材料

丹参10克　　　　栀子15克　　　　蜂蜜适量
黄芩15克　　　　金银花15克

做法

❶ 将丹参、黄芩、栀子用水浸泡1小时后，倒入锅中，加入金银花，煲煮30分钟，滤渣取汁。

❷ 将药汁加热至浓缩后倒出，冷却后调入蜂蜜成黏稠状，当面膜使用。

白芷白鲜面膜

白芷、白鲜皮能抑菌消炎、控油祛痘，硫黄能灭螨杀虫、溶解角质。敷此面膜有杀虫消炎、清除油脂之效，能治疗青春痘、酒渣鼻、痤疮等皮肤油腻问题，并可以消除瘢痕。

材料

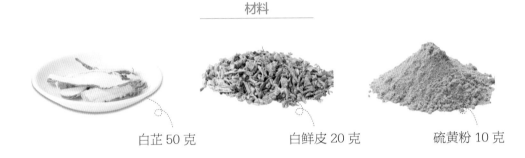

白芷 50 克　　　　　白鲜皮 20 克　　　　　硫黄粉 10 克

做法

❶ 将白芷、白鲜皮洗净烘干，研成极细粉末，与硫黄粉混合均匀，用凉开水调成糊。

❸ 睡前涂于脸部油腻和痘印处，第二天早上洗去。

天冬滑石粉面膜

天冬有润泽肌肤、清爽控油之效，滑石粉能清热收敛、吸尘洁肤、控油祛痘。这款面膜适用于油性皮肤，或夏季油脂分泌过多时，冬季或干性皮肤不宜用。

材料

天冬 30 克　　　　　滑石粉 50 克　　　　　喷雾瓶一个

做法

❶ 将天冬煮 30 分钟，取水，和适量滑石粉调成糊。

❷ 敷于脸上，其间喷天冬水保持湿润，20 ~ 30 分钟后用清水洗去。

加湿、降温

空气温度、湿度的影响

春天的皮肤总是润润的，因为空气中的湿度大、气温不高，皮肤表层能得到水蒸气的有效滋润。而夏天很多人都会觉得自己是油性肌肤，因为这个季节气温高、湿度小，皮肤的水分蒸发很快，得不到足够的滋润容易刺激皮脂分泌。

一般情况下，温度最能够直接影响人们对生活环境的感受。同样，湿度也会对人们生活、健康造成影响。随着人们生活水平提高，空调广泛使用，导致皮肤紧绷、鼻区油腻、口舌干燥、咳嗽感冒等空调病的滋生。科学证明，空气湿度与人体健康以及日常生活有着密切的联系。研究表明，居室湿度达到45% ~ 65%，温度在20 ~ 25℃时，人的身体、思维皆处于最佳状态，无论工作、休息都可收到理想的效果。

因此，改变空气中的湿度、温度，也能很好地缓解皮肤油腻和长痘。现在空调、电扇等降温电器几乎遍及室内，而皮肤还是干燥、油腻，所以通过空气加湿来补充皮肤的水分越来越受青睐。

给空气加湿的方法有很多，以前常用的洒水、放置水盆等，现在流行且非常适合个人的方法有：空气加湿器、摆放植物、少开空调。

1
空气加湿器

空气加湿器，这种电器一般出现在城市里，农村人很少用它。城市里经常用它，主要是城市的空气不如农村空气好，特别是在冬天，由于空调长时间地工作，容易造成人体水分流失，因此很多人都喜欢使用空气加湿器。

现在，很多上班族的桌面上都插着一个小小的加湿器，通过空气给皮肤补水。空气加湿、美容护肤、净化环境、滋润肌肤等，都是加湿器的作用。

上班族通常处于空调下、电脑前，脸上的皮肤很容易变得干燥、粗糙、长斑、出油，所以很多爱美的上班族慢慢爱上加湿器。经常在办公桌上看见的加湿器是家用的，有以下三种。

（1）电加热式加湿器

电加热式加湿器也叫热蒸发型加湿器，其工作原理是将水在加热体中加热到100℃，产生蒸汽，用电机将蒸汽送出。电加热式加湿器是技术最简单的加湿方式。

缺点： 能耗较大，不能干烧，安全系数较低，加热器上容易结垢。电热式加湿器一般和中央空调配套使用。

（2）超声波加湿器

采用每秒200万次的超声波高频震荡，将水雾化为1微米到5微米的超微粒子和负氧离子，从而实现均匀加湿、清新空气、增进健康、去除暖气的燥热，能营造舒适的生活环境。

优点： 加湿强度大，加湿均匀，加湿效率高；节能、省电，耗电仅为电热加湿器的1/10～1/15；使用寿命长，无水自动保护。

（3）纯净型加湿器

纯净型加湿器通常也被称为直接蒸发型加湿器。纯净型的加湿技术是加湿领域刚刚采用的新技术，通过分子筛蒸发技术，除去水中的钙、镁离子，彻底解决"白粉"问题。通过水幕洗涤空气，在加湿的同时还能对空气中的病菌、粉尘、颗粒物进行过滤净化，再经风动装置将湿润洁净的空气送到室内，从而提高环境湿度和洁净度。所以非常适用于有老人和小孩的家庭，还可以预防冬季流感病菌。

以上三者相比较，电加热加湿器在使用中没有"白粉"现象，噪声低，但耗电量大，加湿器上容易结垢；纯净型加湿器无"白粉"现象也不结垢，功率小，具有空气循环系统，能够过滤空气且杀灭细菌；超声波加湿器加湿强度大且均匀，耗电量小，使用寿命长，兼具医疗雾化、冷敷浴面、清洗首饰等功能。所以，超声波加湿器和纯净型加湿器还是建议的首选产品。但需警惕的是，使用超声波加湿器最好使用纯净水，防止水中钙镁离子对空气产生二次污染。

除了加湿、净化空气外，加湿器也有很多妙用。比如在加湿器里加几滴醋，能起到杀菌作用。切洋葱时开加湿器可避免刺激流泪。电脑旁边放加湿器，可以清除静电。晚上在加湿器里滴入一些薰衣草精油，可以提高睡眠质量。居室里适当加湿可有效保持木质家具不变形、刚刷墙面不开裂等。

随着加湿器的使用，它的弊端逐渐被人们认识，还出现了新名词"加湿器肺炎"。现在很多人买了加湿器，24小时不间断工作，然后家里老人小孩经常感冒、咳嗽、发热。使用加湿器时，注意一定要定期清理，否则加湿器中的霉菌等微生物随着汽雾进入空气，再进入人的呼吸道中，容易患呼吸道疾病。此外，空气的湿度也不是越大越好，冬季，人体感觉比较舒适的湿度是50%左右，如果空气湿度太大，人会感到胸闷、呼吸困难，所以加湿以适度为宜。

购买和使用加湿器时，要注意以下细节：

（1）选择正规、质量好、有保障的加湿器。劣质空气加湿器的危害很大。

（2）加湿器不宜全天24小时使用。加湿半个小时后应该停止使用。

（3）加湿器应每天换水，而且最好一周清洗一次，以防水中的病原微生物散布到空气中。

（4）不能直接将自来水放入加湿器，以免损伤加湿器的蒸发器，更重要的是会造成空气的氯污染及白色粉末污染。

（5）随时根据天气情况、室内外的温度调节加湿器的湿度，让空气的湿度在最适宜的范围。

（6）关节炎、糖尿病患者，最好别使用加湿器，否则可能加重病情。

（7）加湿器水箱内严禁放入任何添加剂。加湿器不同于香薰机，普通的加湿器不耐腐蚀，添加东西后，不仅不利于加湿器的长期使用，还有可能损害人体健康。

（8）加湿器也有电磁辐射，其中辐射最大的就是超声波加湿器。但总的来说，加湿器的辐射不算大，站在一米外的距离，影响几乎可以忽略。若是特殊人群，如孕妇、儿童，要尽量避免使用或者选择防辐射的加湿器。

（9）勿在无水状态下开机。

（10）不用时，需将着水部位清洗、擦干，最好是放在通风处风干后装入包装箱。

2 室内盆栽

办公室盆栽也是上班族的一大特色，不仅仅公共区域摆放着大盆栽，每个人的座位上也摆着小盆栽。用钢筋水泥玻璃盖成的现代化大楼内，空气湿度大大低于正常标准，且装修的味道、不通风的格局、电子屏幕造成的负氧离子缺乏，使室内的空气质量不达标。在室内养花养草，可以"营造"良好的小气候。

办公族通常养的是容易成活的水生观叶植物，能更加有效地调节空气湿度，容易打理，比较卫生，并且其少开花、气味清新淡雅，有些能吸收室内有害废物、产生负氧离子，还具有很好的观赏价值。可根据室内面积，选择多种室内盆栽。下面就为大家简要介绍几种适合室内的水生植物。

绿萝

它喜温暖潮湿的环境，许多家庭利用绿萝生长出来的长藤与巨大的叶片为家居装饰增添流线感。一盆绿萝在8 ~ 10平方米的房间内就相当于一个空气净化器，能有效吸收空气中甲醛、苯和三氯乙烯等有害气体。绿萝不但生命力顽强，而且在室内摆放，其净化空气的能力不亚于常春藤和吊兰。

富贵竹

它很容易成活，就算在光照很弱的条件下，只要有足够的水分，就能旺盛生长。在使用水培时，只需将富贵竹的茎秆切成小段，插在水中就可生根成活。富贵竹管理简单，病虫害少，对于懒人来说，再适合不过了。

吊兰

吊兰是著名的观叶花卉，四季常绿，被人们称为"空中花卉"。它适应性强，在温度为5℃最佳，具有吸收有毒气体的功能。许多建筑商在新装修的房间内摆放吊兰，以吸取甲醇、甲醛等有害气体。

文竹

文竹是中国人养得最多的室内植物，摆放在客厅或是书房内，非常的清雅、可爱。在夜间，文竹可以吸收 SO_2、NO_2、Cl_2 等有害气体，还能散发出杀灭细菌的气体。另外，文竹还能有效减少感冒、伤寒、喉头炎等传染病的发生，有润肺之功效。

仙人掌

盆栽仙人掌，有水、无水、天热、天冷都不怕，所以它受到很多人的喜爱，特别适合忘性大、工作忙、散懒的人。其外形可爱，是吸附灰尘、有害气体的高手。仙人掌夜间吸收二氧化碳、释放氧气，所以白天把仙人掌放阳光下晒，晚上抱回室内，可以让室内的空气更清新。

——3——

少开空调

　　空调在给人们带来清凉享受的同时，也吹闭了皮肤的毛孔，使血管收缩，带走了空气中的水分，使皮肤处于缺氧、干燥、低冷的环境中。人体温度高于环境温度，皮肤湿度大于环境湿度，皮肤表层的水分就蒸发得特别快，而收缩的血管使皮肤得不到很好的供养，皮肤很容易变得干燥，进而刺激皮脂分泌，而收缩的毛孔使油脂不能顺利排出，容易发炎长痘。

　　所以夏天使用空调时，应控制好时间，不要全天一直开着空调，空调制冷温度最好不要低于 26℃，风向不要直接对着人体，在空调房放一盆水或者室内多种植一些植物盆栽，以减少皮肤水分的流失。甚至可以回到原始的电扇降温法，既环保也能有效降温，还能感受自然的气候，增强抵抗力。

湿热敷

湿热敷简介

很多人觉得皮肤油腻、烫手、长痘，就算要用水敷脸也应该是冷水或冰水，不仅能收缩毛孔，还能使皮肤更细腻。或许还有人认为热敷会使出油更多、痘痘更严重。

其实，冷敷或冰敷只是治标，不能治本，就算毛孔一时收缩了，毛孔里面堵塞的油污也没有排出来，过不了多久，毛孔又变回原来的样子，还会使毛孔中的油污更难清洁和排出。所以，冷敷一般用于洁面后或干净清爽的脸，可以收缩通畅的毛孔。而皮肤油腻的人，毛孔多被油脂、死皮、炎症所堵塞，用冷敷不合适，热敷却可以扩大毛孔，排出里面堆积的油污，加快皮肤血液循环，加速炎症的消除，给皮肤快速补充水分，且热敷后皮肤水分快速蒸发，能让你的肌肤瞬间感到清爽。所以热敷不仅不会让你感到燥热、油腻、痘痘更严重，反而会带给你清爽。

以上所说的热敷，指的是普通湿热敷，在洗脸时就可以做。把毛巾在热水中浸湿，稍稍拧至不漏水即马上摊开敷于脸部，待毛巾冷却后，取下、浸热水，重复操作，一般敷 3 ~ 5 分钟即可，以免出现头晕不适。注意水温不能太高，一般和人体体温相近，不然容易烫伤手和脸。温度也不宜太低，否则毛孔不能打开，油脂不能溶解、排出，皮肤血液循环也不会加快，起不到很好的效果。

还有一种更有效的药物湿热敷，用药多为中药，因很多西药受热会降低药效。方法也一样简单，就是把水换成药水，毛巾换成薄的或者用纱布。操作前，要先用锅煎取药汁或者用热水泡好药汁，然后取一小部分倒入盆里，浸泡薄毛巾或纱布，待水温或药汁不够时，再从锅里倒出一些。湿热敷时，布的温度不可高过皮肤的温度，大概35℃即可。布要勤换，保持湿热敷时温热的状态，不能烫也不能凉。也可以用两层纱布敷脸，里面那层不动，外面的一层冷却后马上更换。药物湿热敷通常用时 20 ~ 30 分钟，药液不能口服，以免产生不良反应。

湿热敷后也要及时净脸、涂抹保湿护肤品，不然热敷后缺乏表层保护油脂的皮肤反而会刺激皮脂腺分泌。注意湿热敷不适合痘疹破后未结痂的时候使用。

莹肌如玉散

莹肌如玉散是古方祛痘中效果最佳的其中一个，多种药材配伍，既能清表面毒素，又能清皮下痘毒，消除脸上痘印，防止痘痘复发。

材料

升麻 250 克　　楮实 150 克　　白及 30 克　　甘松 21 克

白芷 15 克　　白丁香 15 克　　砂仁 15 克　　糯米 600 克

皂角 900 克

做法

❶ 将以上中药按配方研成细末。

❷ 取 10 克药末，倒入杯中，用适量的热水冲泡开。

❸ 将薄毛巾完全浸入药液中。

❹ 用其进行湿热敷。

绿豆蒲公英水

绿豆、蒲公英都能清热解毒，用其熬出的汁液湿热敷，直接对皮肤起清污杀菌作用，又有营养呵护功效，能有效清润肌肤、消除痘疹。

材料

绿豆 50 克　　　　蒲公英 15 克

做法

❶ 在锅中放入适量清水，加入绿豆煮 20 分钟，再加入蒲公英续煮 20 分钟，取其滤液。

❷ 再用其滤液进行湿热敷。

三黄药汁

黄芩、黄柏、黄连能清热燥湿、泻火解毒、止血，具有广谱抗菌作用，适用于各种皮肤炎症、粉刺、痤疮、湿疹、面疱等，是治疗皮肤问题的常用药，能有效控油祛痘。

材料

黄芩 10 克

黄柏 10 克

黄连 10 克

做法

❶ 三种药材各取 10 克，用水煎 25 分钟取药汁，或将粉末用开水泡开。

❷ 再将药液敷于脸部，痘痘多发处可多滴一些药液。

大黄紫草药汁

大黄、紫草有清热解毒、抗菌消炎、凉血活血、抑制雄激素的功效。对青春痘出现红色丘疹疗效十分显著，对痘印也有消除作用。

材料

大黄 50 克

紫草 15 克

做法

❶ 将药材一起煎 25 分钟取药汁，或用热水泡开其粉末。

❷ 再将药液敷于脸部。

苦参药汁

这种药液刺激性较强,敷脸时要根据皮肤反应调整时间。透骨草可促进局部血液循环,消炎祛痘;苦参能清热燥湿、杀虫止痒、消炎解毒;皂角能透疹排脓,加快痘痘的消除。

材料

透骨草 50 克

苦参 50 克

皂角 30 克

做法

❶ 将三种药材用水浸没半小时后,连着水一起煎 25 分钟,取药汁。

❷ 将药液敷于脸部,20 分钟后洗净。热敷时间不是固定的,应该注重皮肤的反应,一般以皮肤发红为度,否则易发生水疱或破溃。

重楼丹参药汁

重楼有很强的抗菌消炎作用,能治疗皮损。丹参活血化瘀、消斑除印、改善皮肤血液循环,对顽固性痤疮疗效甚佳。此药汁能有效祛痘、疏通毛孔以控油补水。

材料

重楼 15 克

丹参 30 克

做法

❶ 将两者煎煮 25 分钟取药汁,或用热水泡开其粉末。

❷ 将药液敷于脸部。

熏蒸简介

　　熏蒸是中医常用的外治法之一，选用合适的中药，用其煮沸后产生的汽雾进行熏蒸，借助药力、热力直接作用于熏蒸部位。中药熏蒸疗法，又叫蒸汽疗法、汽浴疗法、中药雾化透皮疗法。实践证明，中药熏蒸治疗法作用直接，疗效确切，适应证广，无不良反应。

　　中药熏蒸集中了中医药疗、热疗、汽疗、中药离子渗透等多种功能，融热度、湿度、药物浓度于一体，因病施治，药物对症，可有效治疗多种皮肤疾病。

　　熏蒸颜面肌肤，一能在药水蒸汽温热的作用下，使皮肤湿润，汗腺、毛孔开放，汗液大量分泌，皮肤血管扩张，促使油脂、炎性致病介质和毒害废物顺利排出。二能通过药水蒸汽的药效作用于皮肤表层，其挥发性成分经皮肤吸收，局部可保持较高的浓度，能长时间发挥作用，可改善血管的通透性和血液循环，加快代谢产物排泄，促进炎性致病因子吸收，提高机体防御力及免疫能力。如能加速角质软化、皮脂软化，使护肤品更容易被吸收、毛孔中的油脂更容易排出；能抗菌消炎，缓解痘疹；能促进皮肤新陈代谢，美白润肤。三能消除疲劳，给人舒畅感，同时可以降低皮肤的末梢神经的兴奋性，缓解皮肤紧张、肌肉痉挛和强直。

　　对脸部进行熏蒸时，不要太靠近煮药处，以免被热气灼伤，以自己感觉能承受的距离为准，可随时调整距离。若要加强效果，可将周围圈起来留一个孔给脸部熏蒸。每次熏蒸不要超过30分钟，熏蒸时可适量饮水。但熏蒸时还是以自我感觉为主，若自觉大汗、头晕、恶心、呕吐、胸闷、气促、心跳加快等不适，应及时停止熏蒸，到室外呼吸新鲜空气，并可饮用一些温水。

　　有些人或有些情况并不适合用此方法，容易头晕、正在发热、呼吸道敏感易咳喘、孕妇、儿童、经期女性、过饥、过饱、过劳、皮破未结痂等，都不适宜使用。

　　现在也常使用精油熏蒸，和中药熏蒸有着相似的热力和药效。选择陶瓷做成的熏蒸台以及无烟蜡烛，将开水或干净的水倒入熏蒸台上方的小水盆中，八分满即可，根据个人的需要，将选定的精油滴几滴入水中，点燃蜡烛，被蜡烛加温的水会将精油缓慢蒸发，将其靠近脸部即可达到熏蒸效果。

清热去湿方

方中以清热去湿的苍术、薏米为主，与以活血通络、祛风除湿的其余药材一起，能更有效地改善皮肤气血循环，软化油脂，促进其从毛孔中排出。

材料

苍术 30 克　薏米 30 克　红花 20 克　川乌 15 克

威灵仙 15 克　艾叶 20 克　茯苓 20 克　牛膝 20 克

木瓜 20 克

做法

❶ 将以上除红花、艾叶外的其余药材用水浸没 20 分钟后，连水带药放入煮药器中，加入艾叶、红花一起煮 30 分钟。

❷ 待有水蒸气溢出，即可靠近脸部进行熏蒸。

解毒止痒方

方中以解毒止痒的地肤子、大黄为主，配合疏通气血经络的葛根、桂枝，温阳化湿的生姜，透疹止痒的蝉衣，能有效去除皮肤蕴留的毒素，达到毒清肤润清爽之效。

材料

大黄 100 克　地肤子 10 克　葛根 35 克

生姜 15 克　蝉衣 50 克　桂枝 30 克

做法

❶ 将以上药材用水浸没 20 分钟后，连水带药放入煮药器中一起煎煮 30 分钟。

❷ 待有水蒸气溢出，即可靠近脸部进行熏蒸。

燥湿止痒方

方中含有清热去湿、行气活血、祛风止痒、解毒润肤的多种中药，能缓解皮肤油腻、湿疹多发。

材料

土茯苓 30 克　白鲜皮 30 克　赤芍 20 克　苍术 30 克

生地 30 克　三棱 30 克　荆芥 10 克　防风 10 克

金银花 15 克

做法

❶ 除金银花外，将以上药材用水浸没 20 分钟后，连水带药放入煮药器中，加入金银花一起煎煮 30 分钟。

❷ 待有水蒸气溢出，即可靠近脸部进行熏蒸。

散结祛痘方

方中苍术、生半夏、制南星能化痰散结、软化顽固痘印，加上行气活血、解毒通络的其余药材，能治结节、囊肿型痘疹，有效祛痘润肤。

材料

苍术 20 克　生半夏 20 克　制南星 20 克　艾叶 20 克

红花 15 克　大黄 30 克　海桐皮 30 克　王不留行 40 克

做法

❶ 除红花外，将以上药材用水浸没 20 分钟后，连水带药放入煮药器中，加红花一起煎煮 30 分钟。

❷ 待有水蒸气溢出，即可靠近脸部进行熏蒸。

活血散结方

此方的主要功效为活血散结、理气通络，适合皮肤血液循环差，得不到有效滋养导致干燥、油腻的情况。

材料

桃仁 30 克　红花 30 克　当归 30 克　川牛膝 30 克

鸡血藤 30 克　虎杖 30 克　玄胡索 20 克　柴胡 20 克

黄芪 15 克

做法

❶ 除红花外，将以上药材用水浸没 20 分钟后，连水带药放入煮药器中，加红花一起煎煮 30 分钟。

❷ 待有水蒸气溢出，即可靠近脸部进行熏蒸。

祛痘止痒方

方中含有清热解毒、凉血通络、祛风止痒、透疹祛痘的中药组合，能有效控油祛痘补水。

材料

防风 20 克　蝉衣 20 克　桑叶 20 克　金银花 20 克

连翘 30 克　紫草 30 克　生地 30 克　赤芍 30 克

做法

❶ 将以上药材用水浸没 20 分钟后，连水带药放入煮药器中煎煮 30 分钟。

❷ 待有水蒸气溢出，即可靠近脸部进行熏蒸。

杀虫止痒方

方中的多种中药能抗菌杀虫、燥湿止痒，还有活血通络的成分，能有效缓解皮肤瘙痒、局部油腻、毛孔粗大的症状。

材料

苦参 30 克　土茯苓 30 克　白鲜皮 30 克　地肤子 30 克

野菊花 30 克　明矾 20 克　黄柏 20 克　百部 20 克

苍术 20 克

做法

❶ 将以上药材用水浸没 20 分钟后，连水带药放入煮药器中煎煮30分钟。

❷ 待有水蒸气溢出，即可靠近脸部进行熏蒸。

清润止痒方

方中含有祛风止痒、清热燥湿、收敛润肤、疏通经络的中药，能有效消除痘疹、皮肤问题。

材料

五味子 15 克　白术 15 克　防风 15 克　白芍 15 克

蛇床子 15 克　地肤子 15 克　苦参 15 克　苍术 15 克

做法

❶ 将以上药材用水浸没 20 分钟后，连水带药放入煮药器中煎煮30分钟。

❷ 待有水蒸气溢出，即可靠近脸部进行熏蒸。

佛手柑控油祛痘按摩油

佛手柑对于油性皮肤的治疗相当有效，能消炎祛痘，帮助平衡脸部的油脂分泌，改善脸部面疱的烦恼。薰衣草精油性质温和，能辅助加强疗效。橄榄油作为基础油能稀释前两种精油，使其可直接涂抹于皮肤上。

材料

佛手柑精油 6 滴　　　　橄榄油 25 毫升　　　　薰衣草精油 4 滴

做法

❶ 将橄榄油与两种精油混合搅拌均匀。

❷ 使用时用棉花棒蘸取，涂抹在脸部面疱部位。以双手轻轻拍打按摩约 15 分钟即可。

天竺葵平衡油脂按摩油

天竺葵精油能平衡皮脂分泌，促进血液循环，有效帮助去除脸部的多余油脂，使油脂分泌代谢正常，改善过度出油现象，还有杀菌的作用，能够清洁脸部肌肤。薰衣草精油有协同功效。橄榄油作为媒介油。

材料

薰衣草精油 4 滴　　　　橄榄油 25 毫升　　　　天竺葵精油 4 滴

做法

❶ 将橄榄油与两种精油混合均匀。

❷ 双手蘸取调制好的按摩油，轻轻按摩整个脸部，按摩约 15 分钟即可。

薄荷清爽紧肤按摩油

薄荷精油能清洁收缩毛孔、清润肌肤，还可以抑制皮脂分泌和消除痘疹。牛奶用于稀释精油，可给肌肤提供营养、滋润美白肌肤。

材料

薄荷精油 2 滴

牛奶 100 毫升

做法

❶ 在牛奶中滴入薄荷精油，混合搅拌均匀。

❷ 双手蘸取调制好的按摩油，均匀涂于面部，按摩几遍，至精油被吸收即可。

葡萄柚鼠尾草紧肤按摩油

葡萄柚鼠尾草紧肤按摩油，有收缩毛孔、紧致肌肤的效果，能帮助脸部皮脂分泌恢复平衡，达到控油祛痘、皮肤清爽的效果。

材料

葡萄柚精油 5 滴　　橄榄油 25 毫升　　鼠尾草精油 2 滴

做法

❶ 将橄榄油与两种精油混合均匀。

❷ 双手蘸取调制好的按摩油，轻轻按摩整个脸部，至精油被吸收即可，然后用温水洗净。

玫瑰淡斑养颜按摩油

玫瑰精油有调节内分泌、淡斑养颜、活化肌肤的效果，能有效滋润肌肤，抑制油脂分泌，减少痘疹的发生。

材料

玫瑰精油 4 滴　　　　　　　　　　　橄榄油 25 毫升

做法

❶ 将橄榄油与玫瑰精油混合搅拌均匀。

❷ 双手蘸取调制好的按摩油，用脸部按摩手法，轻轻按摩整个脸部，按摩约 15 分钟即可。

洋甘菊橙花润肤抗敏精油

洋甘菊适合所有肤质，能养颜祛痘。橙花适合干性敏感肌肤，能润肤控油。两者都可以净肤，有镇静作用。橄榄油作为媒介油。

材料

洋甘菊精油 4 滴　　　　橄榄油 25 毫升　　　　橙花精油 4 滴

做法

❶ 将橄榄油与两种精油混合搅拌均匀。

❷ 双手蘸取调制好的按摩油。用脸部按摩手法，轻轻按摩整个脸部，按摩约 15 分钟即可。

柠檬迷迭香润肤按摩油

柠檬精油具有改善皮肤血液循环、祛斑美白、滋润肌肤的功效，加上收敛肌肤的迷迭香，能润肤控油、收缩毛孔。葡萄籽油作为媒介油。

材料

柠檬精油 4 滴

迷迭香精油 4 滴

葡萄籽油 25 毫升

做法

❶ 将葡萄籽油与两种精油混合搅拌均匀。

❷ 双手蘸取调制好的按摩油。用脸部按摩手法，轻轻按摩整个脸部，按摩约 15 分钟即可。

依兰杜松平衡油脂按摩油

依兰精油能平衡皮肤油脂的分泌，有效调和脸部的油脂，帮助改善油脂分泌过剩的现象。杜松精油可以增强效果。葡萄籽油作为媒介油。

材料

依兰精油 4 滴

杜松精油 4 滴

葡萄籽油 25 毫升

做法

❶ 将葡萄籽油与两种精油混合搅拌均匀。

❷ 双手蘸取调制好的按摩油。用脸部按摩手法，轻轻按摩整个脸部，按摩约 15 分钟即可。

罗勒紧肤祛痘按摩油

罗勒精油具有紧实肌肤与抑制粉刺生长的功效，能够有效改善脸部面疱症状。葡萄籽油作为媒介油。

材料

罗勒精油 4 滴

葡萄籽油 25 毫升

做法

❶ 将葡萄籽油与罗勒精油混合搅拌均匀。

❷ 双手蘸取调制好的按摩油。用脸部按摩手法，轻轻按摩整个脸部，按摩约 15 分钟即可。

尤加利洁肤按摩油

尤加利精油可改善阻塞的毛孔，预防细菌滋生，对于脸部毛孔的清洁具有显著的疗效。葡萄籽油作为媒介油。

材料

尤加利精油 4 滴

葡萄籽油 25 毫升

做法

❶ 将葡萄籽油与尤加利精油混合搅拌均匀。

❷ 双手蘸取调制好的按摩油。用脸部按摩手法，轻轻按摩整个脸部，按摩约 15 分钟即可。

百里香佛手柑按摩油

百里香和佛手柑这两种精油，加上作为媒介的葡萄籽油调制成的按摩油，可以帮助脸部调和多余的油脂，改善长痘的现象。

材料

百里香精油 4 滴

佛手柑精油 4 滴

葡萄籽油 25 毫升

做法

❶ 将葡萄籽油与两种精油混合搅拌均匀。

❷ 双手蘸取调制好的按摩油。用脸部按摩手法，轻轻按摩整个脸部，按摩约 15 分钟即可。

雪松紧肤控油按摩油

雪松精油可以有效收敛肌肤，帮助调节肌肤油脂的分泌，具有改善油性肌肤分泌油脂过于旺盛的现象。橄榄油作为媒介油。

材料

雪松精油 5 滴

橄榄油 25 毫升

做法

❶ 将橄榄油与雪松精油混合搅拌均匀。

❷ 双手蘸取调制好的按摩油。用脸部按摩手法，轻轻按摩整个脸部，按摩约 15 分钟即可。

吃出清爽的脸，让你自信飞扬

吃得好，可以让你心情愉悦；吃得对，可以让你身体健康。选择对的，做成好的，可以让你在开心进食的同时，达到调养体质的效果。皮肤油腻、经常长痘的女性一般要忌口，多吃蔬菜瓜果，少吃肥甘厚味，才能让脸蛋清爽干净。

皮肤油腻，
饮食要讲究

皮肤油腻仅仅靠清洁养护，有时候不能得到有效的控制，因为体内的影响因素没有得到彻底解决。而药补不如食补，不管是中药还是西药，是药三分毒，食物是每天都在吃的，性质较药物温和，通过长期食用可以发挥相应的食疗功效。

食物有寒热温凉平之分，皮肤油腻者体内多湿热、瘀滞，所以要多吃寒凉清润或性质平和之品，少吃辛辣、油腻、煎炸之物。很多甘、苦、涩的蔬菜瓜果，脂肪含量少的肉禽水产，都属于此类。

豆类粗粮富含 B 族维生素及黄酮类化合物，有营养神经、调节内分泌之效，可减少因雄激素偏高对皮脂腺的刺激，皮脂分泌减少，脸上自然光洁清新。

人要维持健康状态，需要进食补充各种营养，而每种营养所需量各不相同，有些可以自身合成，有些一定要从外摄取。所以就算皮肤油腻，也不能光吃蔬果不吃肉，肉是蛋白质的重要来源。但可以控制进食肉的数量和品种，动物肉如鱼、鸭，植物肉如黄豆、谷类，可以减少体内湿热、降低血脂、平衡内分泌。

皮肤油腻的人切记不要经常吃零食、喝饮料。零食多为油炸膨化食品，一般含多种糖、盐、辛香料，而饮料一般含有多种色素损伤胃肠，经常吃这些食物，会加重体内热毒，使血液变黏稠，刺激皮脂分泌和痘痘的冒出。

当然也不要强迫自己去吃某类非常不喜欢的食物，可以用相近的、愿意食用的食物替代，以免影响心情，要知道心情对内分泌的影响也是很大的。

芹菜

| 性味 | 性凉，味甘、辛。 |
| 归经 | 入肺、胃、肝经。 |

降血脂，清胃肠

每日食用量
150 克

芹菜性凉，是高纤维素、高维生素食物，能减少胃肠油脂的摄入，清利胃肠以减少体内热毒堆积，还能扩张血管、降压降脂、凉血通络、利尿去湿，有效祛除体内湿热，减少头面皮肤油腻。

食用注意

食用后不宜在强光下活动，防止皮肤变黑。脾胃虚寒、体质寒凉、血压偏低者慎食。

搭配宜忌

宜　瘦肉、核桃、豆腐、西红柿、黑木耳、红薯等。

芹菜+甲鱼　　芹菜+蟹

忌　影响高蛋白质水产的消化吸收，出现腹泻、腹痛、头晕等不适。

苦瓜

| 性味 | 性寒，味甘、苦。 |
| 归经 | 入肝、心、胃经。 |

清心开胃降脂

每日食用量
100 克

苦瓜含奎宁、苦瓜苷、苦味素、维生素、粗纤维等，有清热除烦、排毒祛痘、开胃消食、防肠胃湿热的作用。其含有被誉为"脂肪杀手"的高能清脂素，能降低血脂。常食苦瓜，可减少因血脂高、湿热重导致的皮肤发油、长痘。

食用注意

体质虚寒、胃肠功能差的人不宜多吃。

搭配宜忌

宜　甜椒、洋葱、茄子、瘦肉、鸡蛋、海带、玉米、芹菜等。

苦瓜+笋　　苦瓜+沙丁鱼

忌　搭配笋，容易诱发胃痛；搭配沙丁鱼，可诱发荨麻疹。

菠菜

性味 性凉，味甘、辛。

归经 入大肠、小肠、胃、肝经。

凉血润肤祛痘的补血菜

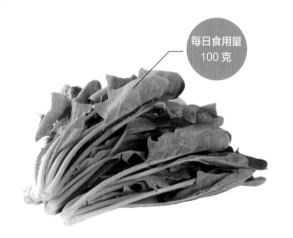

每日食用量
100 克

菠菜富含铁、类胡萝卜素及维生素、辅酶 Q_{10} 等，有抗氧化、滋阴补血的食疗功效。其富含膳食纤维，不含脂肪酸，能去脂控油。所含的维生素 E 和辅酶 Q_{10} 具有抗衰老、美容养颜的功效。

食用注意

肠胃虚寒腹泻者少食，肾炎和肾结石患者不宜食。

搭配宜忌

宜 海带、猪肝、猪肉、鸡蛋、茄子、花生、冬瓜等。

忌 菠菜＋豆奶　菠菜＋海产品

同食会形成草酸钙，容易患结石。

丝瓜

性味 性凉，味甘。

归经 入胃、肝经。

清热润肤，通络祛痘

每日食用量
100 克

丝瓜性凉，能清热解毒，含皂苷类物质，有清洁血液、通血脉的作用，含美白护肤的维生素 C 等成分，是皮肤细嫩者不可多得的美容佳品，有"美人水"之称。丝瓜还能刺激人体产生干扰素，达到增强抵抗力、抗病毒、防癌的目的。

食用注意

体虚内寒、腹泻者忌食丝瓜。

搭配宜忌

宜 鸡蛋、虾仁、豆类、黑木耳、猪肉、山药、花蛤、香菇等。

忌 丝瓜＋白萝卜

两者都是清利之品，容易耗伤人体元气。

莴笋

性味 性凉,味甘、苦。

归经 入胃、大肠、小肠经。

富含纤维素，能清热调内分泌

莴笋含有多种维生素和矿物质，有助于稳定体内神经内分泌。其性凉、味甘苦，能清热解毒、凉血通络，适合雄激素偏高、体内湿热、常出现皮肤油腻、爱长痘的女性食用。

食用注意

夜盲症、痛风、泌尿道结石、湿疹、慢性支气管炎患者不宜食。

每日食用量
60 克

搭配宜忌

宜 蒜苗、豇豆、芸豆、平菇、猪肉、黑木耳、鸡蛋、胡萝卜等。

忌 莴笋 + 蜂蜜
两者都是润肠排毒之品，容易加快胃肠蠕动，产生腹泻。

莲藕

性味 性寒,味甘。

归经 入心、脾、胃经。

富含淀粉纤维，能凉血降脂

莲藕高淀粉、低脂肪，生用性寒，且富含单宁酸、维生素 K，有清热凉血、止血散瘀的作用，且其黏液蛋白和膳食纤维能减少脂类的吸收，是肥胖、湿热、皮肤油腻者的食疗佳品。生用能清热生津、凉血散瘀，熟用则健脾开胃、止泻固精、养血美容。

食用注意

脾胃消化功能低下、大便溏泄者不宜生吃。

每日食用量
100 克

搭配宜忌

宜 鱼、虾、肉、山药、胡萝卜、黑木耳、猪脚、甜椒等。

忌 藕 + 白萝卜
生食寒性较大，容易腹痛、食积。

芦笋

性味 性寒，味甘。

归经 入肺、胃经。

控油去脂的保健蔬菜

对于易上火、血脂高、皮肤爱出油的女性来说，芦笋富含硒、膳食纤维、维生素、矿物质等，能清热利尿、润肠排毒、美容养颜，是一种控油去脂的保健蔬菜。常食还能防胃肠肿瘤。

食用注意

芦笋含有少量嘌呤，痛风患者不宜多食。

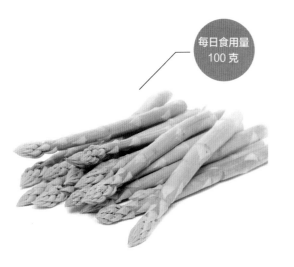

每日食用量
100 克

搭配宜忌

宜 莲藕、菜心、佛手瓜、四季豆、豌豆、瘦肉等。

芦笋 + 牛肉　　芦笋 + 兔肉

忌 搭配牛肉易导致体内热生火盛；搭配兔肉容易腹泻。

马齿苋

性味 性寒，味酸。

归经 入肝、大肠经。

消炎祛痘的"天然抗生素"

马齿苋能抗菌消炎、清热去湿、促进疮疡愈合，有"天然抗生素"之称，含有 $\omega-3$ 脂肪酸，能抑制人体内血清胆固醇和三酰甘油的生成，很适合上火油腻、长痘的女性。

食用注意

脾胃虚寒、肠滑腹泻、便溏者及孕妇禁食。

每日食用量
50 克

搭配宜忌

宜 黄花菜、芥菜、蜂蜜、瘦肉、豆腐、鸡蛋等。

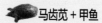

马齿苋 + 甲鱼

忌 同吃容易腹胀、腹泻。

白萝卜

性味 性凉，味辛、甘。
归经 入脾、胃经。

下气通便降脂的解腻菜

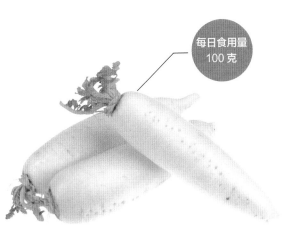

每日食用量
100 克

白萝卜水分多，含芥子油、淀粉酶和粗纤维等，能加快胃肠蠕动，具有行气化痰、通便消积、降低血脂的作用，所含维生素C能防止皮肤的老化。平常多吃萝卜能预防感冒。

食用注意

腹泻、胃肠炎、体质虚寒者慎食或少食。

搭配宜忌

宜 豆腐、腐竹、紫菜、瘦肉、排骨、鱼肉、鸭肉等。

白萝卜+橘子   白萝卜+人参

忌 搭配橘子易患甲状腺肿；搭配人参会降低滋补药材的药效。

西洋菜

性味 性寒，味甘。
归经 入肺、膀胱经。

富含铁的补血润肤菜

每日食用量
100 克

西洋菜的超氧化物歧化酶（即SOD）的含量很高，含有丰富的维生素及矿物质，可以补铁补血、滋润肌肤，缓解皮肤干燥、平衡油脂分泌，使脸蛋水嫩光泽。

食用注意

西洋菜为水生，易吸收重金属，选购要确保质检过关。

搭配宜忌

宜 白菜、香菇、豆腐、猪肉、排骨、虾仁等。

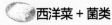

西洋菜+菌类

忌 两者都易吸收重金属，孕期慎食。

白苋菜

性味 性凉，味甘。
归经 入肺、大肠经。

清热控油祛痘效果强

白苋菜性凉，能清肝解毒、凉血排毒、去湿通络，可去皮肤热毒，缓解痘痘，减少热迫油出。常食白苋菜，对改善湿热体质、预防痘痘多发有很好的效果。

食用注意
孕妇，阳虚体质、肠胃虚寒、脾弱便溏者及过敏性体质者慎食。

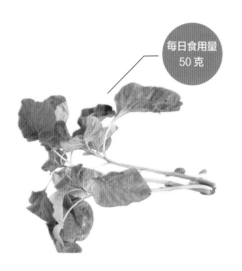

每日食用量
50克

搭配宜忌

宜 猪肝、鸡蛋、芝麻、豆腐、枸杞、绿豆、银鱼干等。

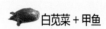 白苋菜＋甲鱼

忌 两者同食，容易引起不良反应。

茭白

性味 性寒，味甘。
归经 入肝、脾、肺经。

利尿去湿热，美白净肤

茭白性寒，能解热毒、除烦渴、利二便，所含的豆固醇能清除体内活性氧，抑制酪氨酸酶活性，从而阻止黑色素生成。它还能软化皮肤表面的角质层，使皮肤润滑细腻，有清利肌肤、减少皮肤湿热长痘的功效。

食用注意
茭白含有较多的难溶性草酸钙，心脏病、尿路结石患者忌食。

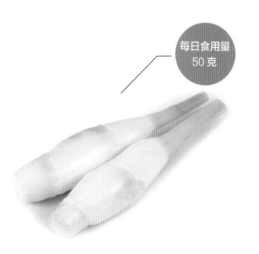

每日食用量
50克

搭配宜忌

宜 鸡肉、鳝鱼、黑木耳、彩椒、胡萝卜、芦笋等。

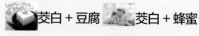 茭白＋豆腐　　茭白＋蜂蜜

忌 茭白和含钙高的豆腐同食，易患结石；搭配蜂蜜易引发痼疾。

猪瘦肉

性味 性平，味甘、咸。

归经 入脾、胃、肾经。

补气血的低脂肉

每日食用量
100 克

猪瘦肉是最常吃的日常肉食，其蛋白质含量高、脂肪含量低，含有钙、铁等营养元素，能补气血、提高人体免疫力、荣养肌肤，使皮肤不干不腻、荣光焕发。

食用注意

腹胀、胃溃疡、胃肠炎、脾胃虚寒、食积者慎食。

搭配宜忌

宜 白菜、南瓜、茄子、莲藕、萝卜、苦瓜、菠菜等。

忌 猪肉 + 豆类
易导致腹胀、消化不良。

鲫鱼

性味 性平，味甘。

归经 入脾、胃经。

优质蛋白含量高

每日食用量
200 克

鲫鱼富含优质蛋白、不饱和脂肪酸，利于人体吸收利用，能健脾益气补虚劳，适合人体补充营养，可降血脂以缓解皮肤油腻，还能保护心血管健康。

食用注意

感冒发热期间不宜多吃。慢性病患者，病后恢复、抵抗力差、容易感冒的人，可多食用。

搭配宜忌

宜 豆腐、花生、黑木耳、豆芽、香菇、香菜等。

忌 鲫鱼 + 蜂蜜　鲫鱼 + 乌骨鸡
同食容易引起不良反应。

鸽肉

性味 性平,味甘、咸。
归经 入肝、肾经。

滋补美颜功效多

鸽肉是禽类动物中最适宜人类食用的。其蛋白质含量高,而脂肪含量较低,消化吸收率高,具有滋阴补血、调节内分泌之效,能改善皮肤细胞活力,增强皮肤弹性,使颜面皮肤红润、不干不腻。

食用注意
性欲旺盛者及肾功能衰竭者少吃。

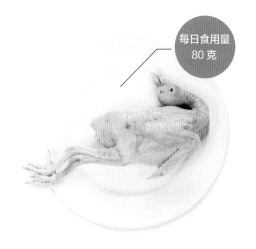

每日食用量
80 克

搭配宜忌

宜 花旗参、党参、莲子、枸杞、黑木耳、红枣、冬瓜等。

忌 鸽肉 + 猪肉
同食,容易食积。

乌鸡

性味 性微温,味甘。
归经 入脾、肾、肝经。

最适合内分泌失调的女人

乌鸡非常适合女性食用,是补虚劳、养身体的上好佳品,含有丰富的蛋白质、磷脂、维生素、铁、钙等,能调节体内雌激素水平,减少内分泌失调、雄激素偏高导致的皮脂腺过度分泌。

食用注意
感冒发热、咳嗽多痰者慎用。

每日食用量
150 克

搭配宜忌

宜 鲍鱼、核桃、草菇、枸杞、红枣、椰子等。

忌 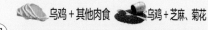乌鸡 + 其他肉食　乌鸡 + 芝麻、菊花
搭配其他肉食,容易食积、腹胀;搭配芝麻、菊花易引发不良反应。

干贝

性味 性平,味甘、咸。

归经 入心、肾、脾经。

高蛋白强滋补的海产

干贝营养丰富,蛋白质含量超过 50%,矿物质含量远在鱼翅、燕窝之上,是滋补身体的海产佳品,能滋阴降火、润肤养颜、降低胆固醇,减少皮肤油腻、长痘。

食用注意

过量食用干贝会影响脾胃的消化功能,因此注意适量食用。

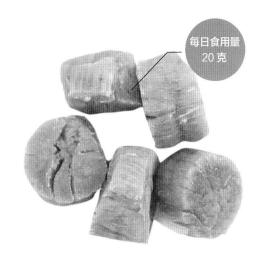

每日食用量 20 克

搭配宜忌

宜 排骨、冬瓜、杏鲍菇、丝瓜、苦瓜、菠菜、咸蛋等。

干贝 + 香肠　　干贝 + 啤酒

忌 搭配香肠,会形成亚硝胺;搭配啤酒,容易痛风。

海参

性味 性温,味甘、咸。

归经 入心、肾、脾经。

性质平和的滋补佳品

海参是阴阳同补之品,含有较丰富的蛋白质,较少的脂肪和胆固醇,能补益气血、降低血脂、平衡内分泌、清除氧自由基、滋润肌肤、减少脸部皮脂分泌。

食用注意

急性肠炎、菌痢、感冒、咯痰、气喘、便溏、出血兼有瘀滞及湿邪阻滞的患者忌食。

每日食用量 50 克

搭配宜忌

宜 粉丝、芹菜、胡萝卜、笋、佛手瓜、鸡蛋、黑木耳、猪肚等。

海参 + 山楂　　海参 + 柿子

忌 同食,不易消化。

紫菜

性味 性寒，味甘、咸。
归经 入肺经。

清利肌肤的"黑纱"

紫菜富含矿物质、膳食纤维、多糖等，能清热利水、软坚化痰、降低血脂，还能增强细胞免疫力和体液免疫功能，可加快痘疹消除，清利肌肤，有清补之功效，胖人可多食用。

食用注意

脾胃虚寒、腹痛便溏者忌食。

每日食用量
15克

搭配宜忌

宜 海带、莴笋、鸡蛋、虾米、豆腐、甘蓝、白萝卜等。

忌 紫菜＋柿子
同食，会影响钙的吸收。

蛤蜊

性味 性寒，味咸。
归经 入胃经。

清补润肤，降脂祛痘

蛤蜊具有滋阴、化痰、软坚、利水的功效，能降低血中胆固醇含量，可滋润肌肤、清除痘疹、恢复皮肤水油平衡，常食能改善湿热体质。

食用注意

脾胃虚寒、腹痛腹泻、经期、产后、感冒者忌食。不要食用未熟透的贝类。

每日食用量
100克

搭配宜忌

宜 豆腐、生姜、紫苏叶、鸡蛋、冬瓜、白萝卜等。

忌 蛤蜊＋芹菜　蛤蜊＋田螺
搭配芹菜，影响维生素的吸收；
搭配田螺，易引起腹胀。

黄豆

性味 性平，味甘。
归经 入脾、大肠经。

女性的最佳豆食伴侣

每日食用量
50克

黄豆含有大豆异黄酮，能调节体内雌激素水平、平衡内分泌，其卵磷脂有降低胆固醇之效，可有效延迟细胞衰老，使皮肤保持水嫩、弹性，减少因内分泌失调导致的皮脂过度分泌。

食用注意
消化不良、子宫肌瘤、乳腺癌患者忌食。

搭配宜忌

（宜）小米、鸡蛋、海带、花生、白菜、白萝卜等。

黄豆＋肉

（忌）搭配肉类，容易食积、腹胀。

黑豆

性味 性平，味甘。
归经 入脾、肾经。

补肾美颜的佳品

每日食用量
30克

黑豆含大豆黄酮，能促进体内激素平衡，所含油脂主要是不饱和脂肪酸，能减少脂肪在血管壁沉积，畅通血脉，所含 B 族维生素、维生素 E 能养颜润肤，对血脂高、雄激素高、皮肤干燥等多种因素导致的皮肤油腻都有很好的食疗功效。

食用注意
黑豆热性大，多食易食积上火，消化功能差的人不宜多食。

搭配宜忌

（宜）排骨、鸡爪、何首乌、生地、黑芝麻、红豆、蜂蜜、红糖等。

黑豆＋茄子

（忌）同食，对身体不宜。

绿豆

性味 性寒，味甘。
归经 入胃、心经。

清热解毒祛痘抗衰老

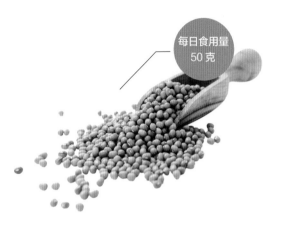

每日食用量
50 克

绿豆性凉，能清热解毒、凉血祛痘，含植物雌激素、植物性 SOD，可调节内分泌、降低血脂、清除体内氧自由基，使皮肤不会因内热干燥导致油脂过度分泌。夏天烦热油腻，吃绿豆可解暑。

食用注意

忌用铁锅煮食。素体阳虚、脾胃虚寒者慎食。

搭配宜忌

宜 燕麦、海带、南瓜、冬瓜、瘦肉、鸡蛋、薏米等。

忌 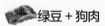绿豆 + 狗肉

搭配狗肉，会引起不良反应。

黑芝麻

性味 性平，味甘。
归经 入肝、肾、肺经。

富含维生素 E

每日食用量
30 克

黑芝麻中不饱和脂肪酸、维生素 E 含量高，能润肠排毒、促进雌激素合成、减少管壁脂肪沉积，能防止过氧化脂质对皮肤的危害，消除细胞内的氧自由基，使皮肤恢复白皙润泽，并能防止发炎长痘。

食用注意

慢性肠炎、便溏腹泻者忌食。

搭配宜忌

宜 南瓜、绿豆、海带、核桃、鸡肉、青菜等。

忌 黑芝麻 + 鸡肉

搭配鸡肉，对身体不宜，可能会引起不良反应。

荞麦

性味 性寒，味甘、酸。

归经 入脾、胃经。

降脂软化血管功效强

每日食用量
200 克

荞麦性凉，含维生素 E、膳食纤维和烟酸等，能促进机体的新陈代谢、增强解毒能力，降低血脂和胆固醇、软化血管，其黄酮成分还具有抗菌、消炎作用，对热毒、血液黏稠所致皮肤油腻、长痘有很好的食疗功效。

食用注意

脾胃虚寒、消化功能不佳、经常腹泻、体质敏感者不宜食用。

搭配宜忌

（宜）黄瓜、花生、黄豆、鸡肉、生菜、葡萄等。

（忌）荞麦 + 黄鱼　　荞麦 + 猪肉

搭配黄鱼，容易消化不良；搭配猪肉，容易脱发。

薏米

性味 性凉，味甘淡。

归经 入脾、胃、肺经。

清热利湿作用强

每日食用量
50 克

薏米可以药食两用，其薏苡仁酯、薏苡仁醇、维生素 E 等成分，具有清热利尿、排毒去湿、健脾益气的作用。经常食用薏米，皮肤会变得更光泽细腻，痘痘和油脂都可以得到控制。

食用注意

女性经期、孕期忌食，汗少、便秘者不宜食用。

搭配宜忌

（宜）山药、红豆、排骨、冬瓜、绿豆、莲子等。

 薏米 + 蔬果

（忌）搭配蔬果，容易影响维生素 C 的吸收利用。

红豆

性味 性平，味甘、酸。
归经 入心、小肠经。

补血美颜也能控油祛痘

红豆能清心火、补心血，粗纤维物质丰富，有助于降血脂。其富含铁质、性凉，有利尿去湿、补血养颜之效，适合油光满面、痘痘多发的女性。

食用注意
红豆具有较强的通利小便作用，尿频者注意少吃。被蛇咬伤后，百日内忌食红豆。

每日食用量 30克

搭配宜忌

宜 排骨、薏米、莲子、胡萝卜、南瓜、鲤鱼、瘦肉等。

忌 红豆＋羊肉
同食，可能引起不良反应。

玉米

性味 性平，味甘、淡。
归经 入脾、肾经。

降脂排毒的清甜粗粮

玉米被称为"黄金食品"，纤维素含量很高，含有多种维生素、矿物质、必需氨基酸，具有润肠排毒、降低血脂、促进新陈代谢、调整神经系统功能的作用，能使皮肤细嫩光滑，控制皮肤的油脂分泌和痘痘冒出。

食用注意
腹胀、尿失禁患者忌食。玉米发霉后能产生致癌物，所以发霉玉米绝对不能食用。

每日食用量 100克

搭配宜忌

宜 山药、鸡蛋、松子、小麦、白菜、鸽肉、鸡肉等。

忌 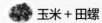玉米＋田螺
同食，容易引发不良反应。

桑葚

性味 性寒，味甘。
归经 入心、肝、肾经。

滋阴补血抗衰老

每日食用量
50 克

桑葚富含维生素、矿物质、有机酸等，能清热补血、降脂通络、滋阴生津、利尿排毒，可促进皮肤新陈代谢，使皮肤水润光滑，减少油脂过量分泌。

食用注意

脾胃虚寒腹泻者、糖尿病患者慎食，儿童不宜大量食用。未成熟的不宜吃，不能用铁器煮食。

搭配宜忌

宜 草莓、鸡蛋、牛奶、黑米、乌鸡、牛骨、鸽子等。

 桑葚 + 鸭蛋、鸭肉

忌 搭配鸭蛋、鸭肉，可能会引起胃痛、消化不良。

樱桃

性味 性温，味甘、酸。
归经 入脾、胃、肾经。

补血排毒平衡水油

每日食用量
50 克

樱桃含铁量居于水果首位，能促进血液生成、补血养颜。其维生素、其他矿物质含量也较高，能促进新陈代谢，使皮肤红润嫩白，减少干涩出油。

食用注意

胃寒、糖尿病、肾病患者慎食。不宜过量食用，以免胃热上火。

搭配宜忌

宜 草莓、黄瓜、山药、酸奶、瘦肉、葡萄酒等。

 樱桃 + 胡萝卜

忌 二者同食营养价值降低。

冬枣

性味 性平，味甘。

归经 入脾、胃经。

富含铁、维生素

每日食用量
50 克

冬枣维生素、铁含量非常高，能促进造血、降低血清胆固醇、增强免疫力，也能促进皮肤细胞代谢，使皮肤细腻，修复皮肤表面的水油平衡，减少油脂分泌。

食用注意

冬枣粗纤维含量高，食多伤胃，胃炎患者不能过量食用。与健胃药、退热药同吃，会影响药效。

搭配宜忌

宜 茯苓、桂圆、冬瓜、山药、麦子、南瓜、乌鸡等。

忌 冬枣＋虾蟹 冬枣＋内脏

搭配虾蟹，易引发砷中毒；与动物内脏同吃，破坏维生素 C。

西瓜

性味 性寒，味甘。

归经 入胃、心经。

夏天油腻长痘必不可少

每日食用量
100 克

西瓜是消暑解渴之佳品，有"天然的白虎汤"之称，富含水分、糖分、维生素、矿物质等，能促进体液代谢，加快热毒从尿液排出，达到消炎祛痘、清凉润肤、控油解腻之效。

食用注意

糖尿病患者、脾胃虚寒者、孕妇、肾功能不全者慎食。

搭配宜忌

宜 猕猴桃、草莓、莲藕、冬瓜、哈密瓜、西红柿、蜂蜜等。

忌 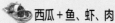西瓜＋鱼、虾、肉

搭配鱼、虾、肉，易引起胃肠不适，容易腹痛、腹泻。

香瓜

性味 性凉，味甘。
归经 入胃、大肠经。

清香甜蜜去暑热

每日食用量
100 克

香瓜也叫甜瓜，是夏令消暑瓜果，除了水分和蛋白质的含量低于西瓜外，芳香物质、矿物质、糖分和维生素 C 的含量则明显高于西瓜，具有清热除烦、利尿去湿的功效，能通过清除体内热毒达到清润肌肤、消除痘疹的功效。

食用注意

瓜蒂有毒，生食过量，即会引发不良反应，食用宜去蒂部。

搭配宜忌

（宜）荷兰豆、黄桃、鸡肉、火龙果、猕猴桃、柠檬等。

（忌）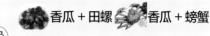 香瓜 + 田螺　　香瓜 + 螃蟹
香瓜不宜与田螺、螃蟹、油饼等共同食用，易引发不良反应。

雪梨

性味 性凉，味甘、酸。
归经 入肺、胃经。

养出水润佳人

每日食用量
150 克

雪梨含有机酸、维生素、矿物质、糖分、水分等，能清热凉血、生津润燥、利尿排毒，可降低血黏度、改善微循环，滋养清润肌肤，控制皮脂分泌。适合口干渴、皮肤干油者食用。

食用注意

脾胃虚寒者、糖尿病患者慎食。

搭配宜忌

（宜）杏仁、银耳、木瓜、牛奶、腰果、川贝、猪肺等。

（忌） 雪梨 + 虾蟹
搭配虾蟹，容易腹痛、腹泻。

马蹄

性味 性寒，味甘。
归经 入胃、肺经。

生津润燥能养颜

每日食用量
50 克

马蹄有"地下雪梨"之美誉，质嫩多津，可以滋阴生津、清热除烦、消炎利尿，能促进皮肤细胞代谢，润肤养颜、控油祛痘。

食用注意

脾胃虚寒者慎食，小儿少食。因马蹄长于淤泥中，容易附着细菌和寄生虫，洗净煮透食用更安全。

搭配宜忌

宜 核桃、香菇、黑木耳、排骨、瘦肉、木瓜、甘蔗、玉米等。

忌 **马蹄 + 安体舒通**
同食易出现高钾血症，导致心律不齐，甚至心跳骤停。

火龙果

性味 性凉，味甘、酸。
归经 入胃、大肠经。

润肠排毒去湿热

每日食用量
150 克

火龙果富含润肠排毒的膳食纤维，其维生素C、花青素等有很强的抗氧化性，能消除氧自由基、柔嫩肌肤、降低血脂，性质寒凉，能清热凉血、祛痘润肤。

食用注意

糖尿病患者、寒性体质者、经常腹泻者、月经期女性慎食。

搭配宜忌

宜 香瓜、番石榴、包菜、椰子、芦荟、地瓜等。

忌 **火龙果 + 牛奶**
搭配牛奶，影响营养的消化吸收。

橄榄

性味 性凉，味甘涩。
归经 入肺、胃经。

甘涩生津清热毒

每日食用量
20 克

橄榄初食涩口，久而回甘，维生素 C 含量高于苹果、梨、桃子等，含生物碱、有机酸、挥发油和黄酮类化合物等，能清肺利咽、生津止渴、解毒消积，对肺胃湿热所致皮肤油腻者有很好的功效。

食用注意
凡热性咳嗽者，待热稍退后才能食用。

搭配宜忌

宜 白萝卜、鳗鱼、猪肺、瘦肉、鸽肉、雪梨、西红柿等。

忌 橄榄 + 牛肉
同食会引起身体不适。

草莓

性味 性凉，味甘酸。
归经 入脾、胃、肺经。

酸酸甜甜维生素高

每日食用量
100 克

草莓维生素含量高、热量低，果胶、有机酸、膳食纤维和微量元素较为丰富，能疏通血管、降低血脂、滋润肌肤，修复皮肤的水油平衡，控制油脂分泌量。草莓酸甜开胃，也能减少食积胃热导致的头面油腻。

食用注意
脾胃虚寒、尿路结石者慎食。

搭配宜忌

宜 牛奶、猕猴桃、油桃、西芹、土豆、西红柿等。

忌 草莓 + 蛋类、肉类
草莓中的鞣酸与蛋类、肉类的钙结合，会影响消化吸收。

枇杷

性味 性平，味甘酸。
归经 入肺、胃经。

清肺化痰通络利头面

每日食用量
50 克

枇杷酸甜，富含纤维素、果胶、胡萝卜素、有机酸、多种矿物质及维生素等，能开胃消食、止渴解暑。其苦杏仁苷，还能润肺去痰，对肺热、食积所致皮肤油腻者效果较好。

食用注意

腹泻、糖尿病患者忌食。枇杷仁有毒，不可食用。

搭配宜忌

宜 白萝卜、蜂蜜、薏米、苹果、川贝、苦瓜等。

忌 枇杷＋黄瓜
二者同食，影响消化。

山竹

性味 性平，味甘酸。
归经 入脾、肺经。

恢复皮肤水嫩光滑

每日食用量
100 克

山竹有清热降火、减肥润肤的功效，食榴莲后上火用之速效。平时爱吃辛辣食物、脾气暴躁、皮肤油腻爱长痘的人，常吃山竹可以清利肌肤，使皮肤恢复水润光泽。

食用注意

体质虚寒者、糖尿病患者忌食。一般人群也不宜多食，过量食用容易伤胃食积，反而会加重上火症状。

搭配宜忌

宜 山药、鱼肉、鸽子、胡萝卜、香蕉、银耳等。

忌 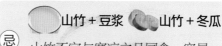山竹＋豆浆　山竹＋冬瓜
山竹不宜与寒凉之品同食，容易导致胃寒胀痛。

中医对证控油祛痘，从内而外改善皮肤

脸上油腻、长痘，不仅反映出皮肤问题，也是内在脏腑气结的表现。这种表现常不影响健康，但是会比较影响到美观。通过中医内调外养，辨证论治、内外同调，可以全面拔毒祛痘、控油爽肤。

中医
内调外治法

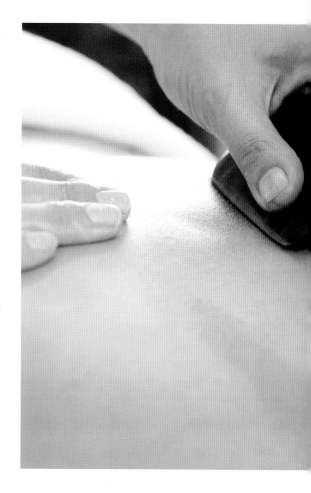

中医内调法，主要指通过口服中药或中成药而发挥疗效。西药是从原材料中提纯有效成分，而中药可以算是一种原材料，其成分复杂，因某些有效成分高而发挥相应的作用，所以其功效多样。中药根据千百年的实践和归纳，总结得出寒热温凉、性味归经的区别。皮肤油腻、爱长痘，可以根据其原因、性质，选择调养相应脏腑和具有滋补药效的中药或中成药。

中医外治法，主要指经穴理疗和耳穴疗法，也包括前面第三章的熏蒸和湿热敷。

人体除了脏腑外，还有许多经络，其中主要有十二经脉及奇经八脉，每一经络又各与内在脏腑相联属。经络遍布全身，其气血集注点可形成一个穴位，每一条经脉上有着多个穴位，是人体运行气血、联络脏腑肢节、沟通上下内外的通道。不管病邪是从外侵袭人体或体内生成，都会通过经络传导入内或达外，所以经络能反映体表和体内的病变，而穴位则是病变经络上有明显病变特征的区域。通过对经穴进行有效刺激，如按摩、刮痧、拔罐、艾灸，可以通过经络调理脏腑功能、调和气血阴阳、疏通脉络、排出毒素，达到扶正祛邪之效。

经穴理疗，通常需要暴露出操作位置，所以在操作前需注意选择温暖、不受风处。理疗前先清洁局部肌肤，清洁后可涂抹上一层润肤介质，如橄榄油、润肤露、薄荷水、止痛膏、红花油、骨伤酒等，起到保护皮肤的作用，因为各种理疗方法都对皮肤有一定刺激性，容易出现皮损。当然含有对症药效的润肤介质，可以起到更好的效果。操作时，注意受术者反应，操作力度和时间以能承受的最大力度、时间为宜，做到持久、有力、均匀、柔和、深透。操作后，不能马上用水冲洗，需给皮肤休息时间，待扩张的毛孔闭合、血流平稳，一般要经过0.5～1小时甚至更久，才能清洁。按摩、刮痧、拔罐、艾灸，操作时不能多种方法同时用，如按摩后再刮痧或拔罐，以免损伤皮肤，

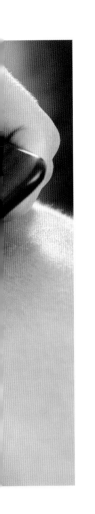

可在皮肤恢复原状后换一种方法，一般需要间隔1～2天。

不只经穴能反映病症和调理身体，小小的耳朵上也有全身相对应的穴位，其分布大致像一个在子宫内倒置的胎儿，头颅在下，臀足在上。耳郭皮肤较薄，缺乏皮下组织，但血管神经丰富，较敏感，当身体的某个部位有了病变时，在耳郭的相应穴位很可能出现充血、变色、丘疹、水泡、脱屑、糜烂或明显的压痛等病理改变。刺激反应点，则可达到很好的疗效。当耳朵未出现变化，而身体有不适时，可根据病因，刺激耳朵相应病变组织器官的穴位，调整其功能，促进自身修复。

耳穴贴压，替代埋针，是近几十年来最流行的耳穴疗法，是在耳针疗法的基础上发展起来的，是一种非皮肤侵入性的疗法。它是用硬而光滑的药物种子或药丸，如王不留行、莱菔子、白芥子、绿豆、小儿奇应丸及磁珠、塑料丸等，在耳穴表面贴压并用胶布固定治疗疾病的方法，简称压丸法。其药物的有效成分通过穴位的皮肤吸收入血，能很快到达脑部，起到调节神经内分泌之效，进而行经周身，到达体内其他部位发挥作用。

耳穴贴压具有就地取材、便于推广、疗效可靠、应用广泛、易于掌握、经济实惠、无不良反应等优点。临床实践表明，耳压疗法能起到与耳针法、埋针法同样的效果，而且简便易行，能起到持续刺激作用，以弥补刺激量不足的缺点，特别适合不能每天坚持治疗者。

耳穴贴压，一般先行常规消毒，左手托住耳郭，右手将粘有圆形药物颗粒的胶布对准所选耳穴贴压，并用手指轻压耳穴1～2分钟。每天空闲时，患者可以自行用指腹轻压每个敷贴部位各几分钟，一般每天按压2～3遍。耳贴一般留2～3天，粘贴不牢固时可更换胶布。贴完一次后，间隔2天再行下次贴压，5～6次为1个疗程。

当然，有些情况下，就算皮肤油腻、长痘也不适合用中医外治法。对于治疗的经穴、耳穴部位出现皮肤损伤，如破损、瘢痕、红肿热痛等，穴位处有恶性肿瘤等，禁用中医外治法。患有严重心脑血管疾病急性期，严重肝肾功能不全，出血倾向的病症，糖尿病，严重下肢静脉曲张，高热，严重贫血，女性经期、孕期、醉酒、过饥、过饱、过渴、过度疲劳状态，颜面、颈部、下体等部位，都不适合用中医外治法。

证1：热毒内盛

症见皮肤稍油腻、摸之烫手，痘出红肿热痛，多为红色痘疹，破后渗液不多，伴身热烦躁、口渴喜饮、口舌生疮、牙痛、咽痛、大便干、尿短赤等，舌质红、苔黄燥，脉浮数。

辨证方疗

单味中药去热毒

中药

薄荷 10 克　　牛蒡子 10 克　　桑叶 10 克　　菊花 10 克

升麻 10 克　　栀子 10 克　　夏枯草 10 克　　竹叶 10 克

金银花 10 克　　连翘 10 克　　蒲公英 10 克　　板蓝根 10 克

用法

可参考花草茶的制作方法，味道较苦可加甘草、冰糖调味，也能几味中药搭配一起用，加强效果。可搭配生津凉血、活血透疹的中药，如天花粉、丹参等。

五味消毒饮速清凉

配方

金银花 15 克　野菊花 6 克　蒲公英 6 克　紫花地丁 6 克

紫背天葵子 6 克

用法

将五种药材洗净沥干，放入药罐中，加水浸泡 15 分钟；加热药罐煮沸后，转中火续煮 15 分钟；关火，滤渣取汁。

备注

花类、叶类药材成分容易析出，故煎煮时间不宜过长，以免有效成分挥发，影响药效。宜热服，汗出为宜。

常用成药

众生丸、牛黄解毒片、清火栀麦片、黄连上清片、双黄连口服液、双清口服液、板蓝根颗粒、夏桑菊颗粒、银翘散、小柴胡颗粒、银花露、清血解毒合剂、穿心莲片等。

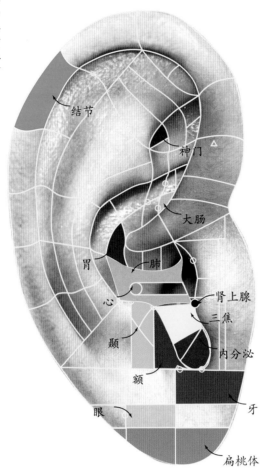

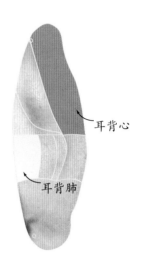

反射区耳穴贴压

❶ 结节	❺ 额
❷ 神门	❻ 颞
❸ 内分泌	❼ 耳背心
❹ 肾上腺	❽ 耳背肺

❶ 胃	❺ 三焦
❷ 大肠	❻ 扁桃体
❸ 肺	❼ 眼
❹ 心	❽ 牙

敷贴方法: 将王不留行籽贴在以上8个耳反射区穴位上,留1~2天,每天按摩2~3次,每次1~5分钟。

敷贴方法: 将绿豆贴在以上8个耳反射区穴位上,留1~2天,每天按摩2~3次,每次1~5分钟。

按摩
理疗

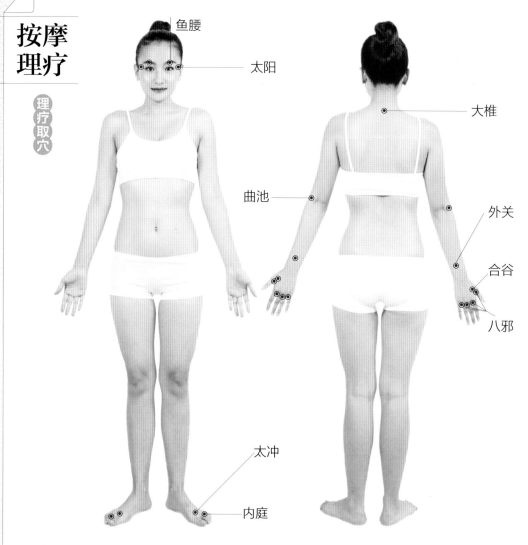

鱼腰
太阳
大椎
曲池
外关
合谷
八邪
太冲
内庭

八邪	位于手指背面，微握拳，第一至第五指间，各个手指的分叉处，共8个穴位。
合谷	位于手背，第一、二掌骨间，当第二掌骨桡侧的中点处。
外关	位于前臂背侧，当阳池与肘尖的连线上，腕背横纹上2寸，尺骨与桡骨之间。
曲池	位于肘横纹外侧端，屈肘，当尺泽与肱骨外上髁连线中点。
太阳	位于颞部，当眉梢与目外眦之间，向后约一横指的凹陷处。
鱼腰	位于额部，瞳孔直上，眉毛中。
内庭	位于足背，当二、三趾间，趾蹼缘后方赤白肉际处。
太冲	位于足背侧，当第一跖骨间隙的后方凹陷处。
大椎	位于后正中线上，第七颈椎棘突下凹陷中。

按摩操作

1 压揉 ▶ **八邪**
用拇指指尖微用力压揉
八邪穴 50 次。

2 掐按 ▶ **合谷**
用拇指指尖掐按合谷穴
200 次。

3 掐按 ▶ **外关**
用拇指指尖掐按外关穴
100 ~ 200 次。

4 按揉 ▶ **曲池**
用拇指指腹按揉曲池穴
2 分钟。

5 揉按 ▶ **太阳**
用拇指指腹顺时针揉按
太阳穴 30 ~ 50 次。

6 揉按 ▶ **鱼腰**
用拇指指腹揉按鱼腰穴
2 ~ 3 分钟。

7 掐按 ▶ **内庭**
用拇指指尖掐按内庭穴
2 ~ 3 分钟。

8 掐按 ▶ **太冲**
用拇指指尖掐按太冲穴
30 ~ 50 次。

9 按揉 ▶ **大椎**
用食指、中指指腹按揉
大椎穴 2 分钟。

拔罐理疗

理疗取穴

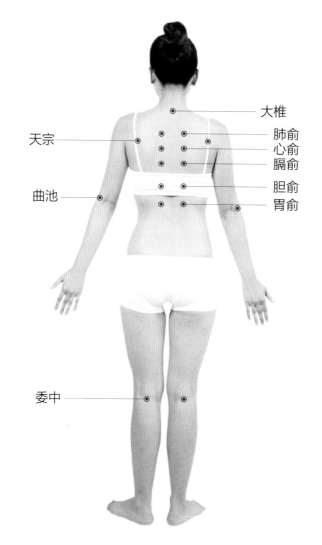

大椎

天宗

肺俞
心俞
膈俞

胆俞
胃俞

曲池

委中

曲池	位于肘横纹外侧端，屈肘，当尺泽与肱骨外上髁连线中点。
天宗	位于肩胛部，当冈下窝中央凹陷处，与第四胸椎相平。
大椎	位于后正中线上，第七颈椎棘突下凹陷中。
肺俞	位于背部，当第三胸椎棘突下，旁开 1.5 寸。
心俞	位于背部，当第五胸椎棘突下，旁开 1.5 寸。
膈俞	位于背部，当第七胸椎棘突下，旁开 1.5 寸。
胆俞	位于背部，当第十胸椎棘突下，旁开 1.5 寸。
胃俞	位于背部，当第十二胸椎棘突下，旁开 1.5 寸。
委中	位于腘横纹中点，当股二头肌肌腱与半腱肌肌腱的中间。

拔罐操作

1 **拔罐 ▸ 曲池**

用拔罐器将气罐吸附在曲池穴上，留罐5 ~ 10分钟。

2 **拔罐 ▸ 天宗**

用拔罐器将气罐吸附在天宗穴上，留罐5 ~ 10分钟。

3 **拔罐 ▸ 大椎**

将火罐吸附在大椎穴上，留罐10 ~ 15分钟。

4 **拔罐 ▸ 肺俞**

将火罐吸附在两侧肺俞穴上，留罐10分钟，以局部潮红为度。

5 **拔罐 ▸ 心俞**

用火罐拔取心俞穴，留罐5 ~ 10分钟。

6 **拔罐 ▸ 膈俞**

将火罐吸附在两侧膈俞穴上，留罐10分钟，以局部充血为度。

7 **拔罐 ▸ 胆俞**

用火罐拔取胆俞穴，留罐5 ~ 10分钟。

8 **拔罐 ▸ 胃俞**

用火罐拔取胃俞穴，留罐5 ~ 10分钟。

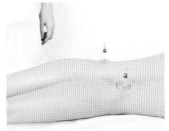

9 **拔罐 ▸ 委中**

用气罐吸附在两侧委中穴，留罐5 ~ 10分钟。

刮痧理疗

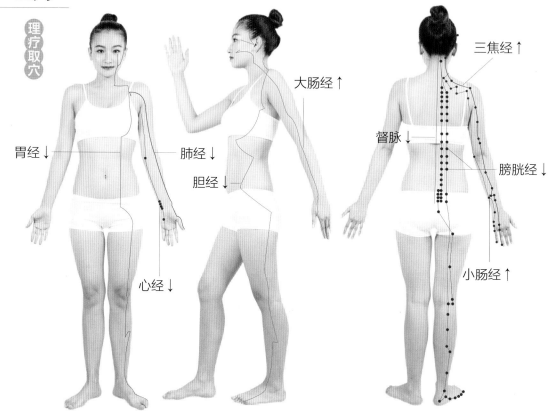

胃经↓　　肺经↓　　大肠经↑　　三焦经↑　　督脉↓　　膀胱经↓　　胆经↓　　心经↓　　小肠经↑

肺经	起于胸壁外上方，沿上肢内侧前缘下行，过肘窝经鱼际，至拇指桡侧端少商穴。
心经	斜出腋下，沿上臂内侧后缘过肘中，经掌后锐骨端入掌，沿小指桡侧至末端。
大肠经	起于食指桡侧端商阳穴，经手背行于上肢伸侧前缘，上肩至肩关节前缘，入面。
三焦经	起于无名指尺侧端关冲穴，经手背上行过肘尖，沿上臂外侧向上至肩部，入面。
小肠经	起于手小指尺侧端少泽穴，沿手背、上肢外侧后缘，过肘部到肩关节后面，入面。
胃经	起于眼眶下的承泣穴，从头往下，行于面前、胸腹、腿外侧前沿，至足次趾端。
胆经	起于眼外眦，环绕侧头部，向下经肩、身侧、腿外侧至足第四趾外侧端足窍阴穴。
膀胱经	起于目内眦睛明穴，绕头至项背，沿脊旁下行过臀，经腿后侧至小趾外侧端。
督脉	从尾骶部的长强穴，沿脊柱上行，经项后部至头部正中线前面的人中穴下。

刮痧操作

1 刮拭 ▶ **肺经**

沿着肺经走向，从躯干处刮至手拇指，以沿线出现红紫色痧点为度。

2 刮拭 ▶ **心经**

沿着心经走向，由腋下刮至手小指末端。刮拭时，可蘸取橄榄油。

3 刮拭 ▶ **大肠经**

沿着大肠经走向，由食指背侧刮向颈部。头面不刮，以免皮肤破损。

4 刮拭 ▶ **三焦经**

沿着三焦经走向，从无名指背侧刮向颈部。

5 刮拭 ▶ **小肠经**

沿着小肠经走向，由小指指背侧刮向颈部，头面不刮。

6 刮拭 ▶ **胃经**

沿着胃经走向，从胸腹刮至脚背。

7 刮拭 ▶ **胆经**

沿着胆经走向，从肩部刮到身侧、腿侧、脚侧。

8 刮拭 ▶ **膀胱经**

沿着膀胱经走向，从颈背刮至臀腿后侧。

9 刮拭 ▶ **督脉**

沿着后正中线，从颈刮至骶尾。用力不宜过重，皮下为骨骼。

证2：湿热内蕴

症见油光满面，痘痘频繁发作，可挤出黄白色脂栓或脓液，伴口臭口苦、大便黏滞不爽、容易饥饿、食后腹胀、周身困重、自觉身热等，舌边有齿痕，舌质红、苔黄腻，脉弦数。

辨证方疗

单味中药去湿热

中药

黄芩 10 克　黄连 10 克　黄柏 10 克　龙胆草 10 克

泽泻 10 克　薏米 10 克　车前子 10 克　金钱草 10 克

赤小豆 10 克　玉米须 5 克　冬瓜皮 5 克　灯芯草 5 克

用法

清湿热的药材味道多偏苦，加冰糖、蜂蜜可以改善口感。可搭配健脾通络的中药，如茯苓、白术、陈皮、枳壳、香附、川芎等。

甘露消毒饮化湿浊、解热毒

配方

木通 150 克　石菖蒲 180 克　绵茵陈 330 克　淡黄芩 300 克

飞滑石 450 克　川贝母 150 克　藿香 120 克　连翘 120 克

白蔻仁 120 克　薄荷 120 克　射干 120 克

用法

晒干研为末，每次服用 6 ~ 9 克；丸剂，每次服用 9 ~ 12 克；汤剂，水煎服，用量按原方比例酌定，通常缩减为 1/30。

常用成药

龙胆泻肝片、清胃黄连丸、芩连片、茵栀黄口服液、茵陈五苓丸、消炎利胆片、香砂六君子丸、陈夏六君子丸、香砂养胃丸、藿香正气水、葛根芩连丸、保和丸、枳实导滞丸等。

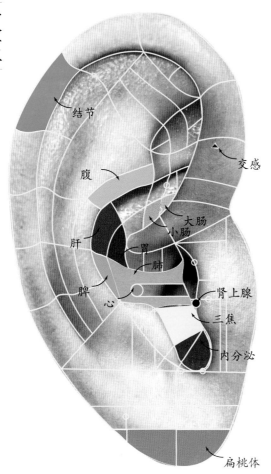

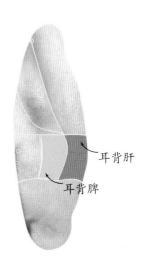

耳穴
贴压

结节

腹

交感

肝

大肠
小肠

脾 胃
肺

心 肾上腺
三焦
内分泌

扁桃体

耳背肝

耳背脾

反射区耳穴贴压

❶ 结节   **❺ 脾**

❷ 交感   **❻ 腹**

❸ 内分泌   **❼ 小肠**

❹ 肾上腺   **❽ 耳背脾**

❶ 胃   **❺ 三焦**

❷ 大肠   **❻ 扁桃体**

❸ 肺   **❼ 肝**

❹ 心   **❽ 耳背肝**

敷贴方法： 将王不留行籽贴在以上8个耳反射区穴位上，留1～2天，每天按摩2～3次，每次1～5分钟。

敷贴方法： 将绿豆贴在以上8个耳反射区穴位上，留1～2天，每天按摩2～3次，每次1～5分钟。

拔罐理疗

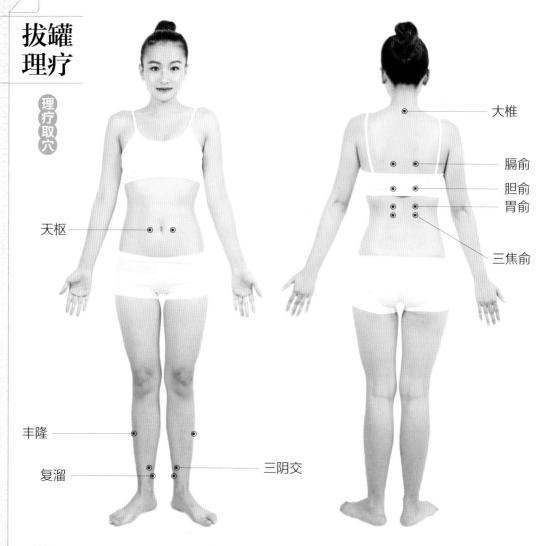

大椎

膈俞

胆俞

胃俞

三焦俞

天枢

丰隆

复溜

三阴交

大椎	位于后正中线上，第七颈椎棘突下凹陷中。
膈俞	位于背部，当第七胸椎棘突下，旁开1.5寸。
胆俞	位于背部，当第十胸椎棘突下，旁开1.5寸。
胃俞	位于背部，当第十二胸椎棘突下，旁开1.5寸。
三焦俞	位于腰部，当第一腰椎棘突下，旁开1.5寸。
丰隆	位于小腿前外侧，当外踝尖上8寸，条口外，距胫骨前缘二横指（中指）。
天枢	位于腹中部，距脐中2寸。
三阴交	位于小腿内侧，当足内踝尖上3寸，胫骨内侧缘后方。
复溜	位于小腿内侧，太溪直上2寸，跟腱的前方。

拔罐操作

1 拔罐 ▶ **大椎**
将火罐吸附在大椎穴上，留罐 10 ~ 15 分钟。

2 拔罐 ▶ **膈俞**
将火罐吸附在两侧膈俞穴上，留罐 10 分钟，以局部潮红为度。

3 拔罐 ▶ **胆俞**
用火罐拔取胆俞穴，留罐 5 ~ 10 分钟。

4 拔罐 ▶ **胃俞**
用闪罐法拔胃俞穴 50 次，以充血为度。

5 拔罐 ▶ **三焦俞**
用火罐拔取三焦俞穴，留罐 5 ~ 10 分钟。

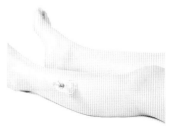

6 拔罐 ▶ **丰隆**
用拔罐器将气罐吸附在丰隆穴上，留罐 10 分钟。

7 拔罐 ▶ **天枢**
用拔罐器将气罐吸附在天枢穴上，留罐 5 ~ 10 分钟。

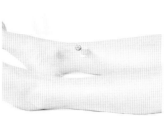

8 拔罐 ▶ **三阴交**
用拔罐器将气罐吸附在三阴交穴上，留罐 5 ~ 10 分钟。

9 拔罐 ▶ **复溜**
用拔罐器将气罐吸附在复溜穴上，留罐 5 ~ 10 分钟。

刮痧理疗

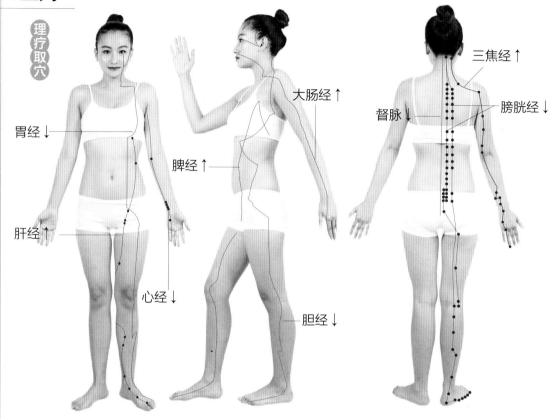

胃经↓
肝经↑
心经↓
大肠经↑
脾经↑
胆经↓
督脉↓
三焦经↑
膀胱经↓

心经	斜出腋下，沿上臂内侧后缘过肘中，经掌后锐骨端入掌，沿小指桡侧至末端。
大肠经	起于食指桡侧端商阳穴，经手背行于上肢伸侧前缘，上肩至肩关节前缘，入面。
三焦经	起于无名指尺侧端关冲穴，经手背上行过肘尖，沿上臂外侧向上至肩部，入面。
胃经	起于眼眶下的承泣穴，从头往下，行于面前、胸腹、腿外侧前沿，至足次趾端。
胆经	起于眼外眦，环绕侧头部，向下经肩、身侧、腿外侧至足第四趾外侧端足窍阴穴。
膀胱经	起于目内眦睛明穴，绕头至项背，沿脊旁下行过臀，经腿后侧至小趾外侧端。
督脉	从尾骶部的长强穴，沿脊柱上行，经项后部至头部正中线前面的人中穴下。
脾经	起于足大趾内侧端隐白穴，沿足内侧过内踝前缘，经腿内侧入腹部、胸部前面。
肝经	起于足大趾外侧端大敦穴，行于脾经前至小腿中，绕后经腿内侧上行入胸腹。

刮痧操作

1 刮拭 ▸ 心经
沿着心经走向，由腋下刮至手小指末端。刮拭时，可蘸取橄榄油。

2 刮拭 ▸ 大肠经
沿着大肠经走向，由食指背侧刮向颈部。头面不刮，以免皮肤破损。

3 刮拭 ▸ 三焦经
沿着三焦经走向，从无名指背侧刮向颈部。

4 刮拭 ▸ 胃经
沿着胃经走向，从胸腹刮至脚背。

5 刮拭 ▸ 胆经
沿着胆经走向，从肩部刮到身侧、腿侧、脚侧。

6 刮拭 ▸ 膀胱经
沿着膀胱经走向，从颈背刮至臀腿后侧。

7 刮拭 ▸ 督脉
沿着后正中线，从颈刮至骶尾。用力不宜过重，皮下为骨骼。

8 刮拭 ▸ 脾经
沿着脾经走向，从脚刮至胸部。

9 刮拭 ▸ 肝经
沿着肝经走向，从脚趾内侧往上刮至胸部乳下。

证3：气滞血瘀痰凝

症见面色晦暗，皮肤容易脱屑，面部鼻区较油，长出的痘疹质地坚硬难消，触压有疼痛感，甚至颜面凹凸如橘子皮，伴月经量少、痛经、胸胁乳房胀痛、经期痘痘加重等，舌质暗、苔薄黄，脉涩。

辨证方疗

单味中药行气血、化痰瘀

中药

| 柴胡 10 克 | 厚朴 9 克 | 郁金 10 克 | 陈皮 10 克 |

当归 15 克　红花 5 克　丹参 15 克　牡丹皮 5 克

泽兰 10 克　益母草 5 克　苍术 10 克　瓜蒌 10 克

用法

这些中药有疏肝理气、活血通络、去湿化痰的功效，可搭配健脾透疹之品，如白术、茯苓、薄荷、蝉蜕、皂角刺等。

通窍活血行经络

配方

赤芍 3 克　川芎 3 克　桃仁 9 克　红枣 50 克

红花 9 克　老葱 15 克　鲜姜 9 克　麝香 0.15 克

用法

桃仁研为末，红枣去核，老葱切碎，鲜姜切碎，麝香绢包。

用黄酒 250 毫升，将前七味药煎至 150 毫升，去渣，将麝香放入酒内，再煎二沸，临睡服用。用于血瘀所致的斑秃、酒渣鼻、荨麻疹、白癜风、油风等。

常用成药

湿毒清胶囊、气血和胶囊、散结灵胶囊、木香顺气丸、逍遥丸、丹栀逍遥丸、柴胡舒肝丸、理气化瘀口服液、当归苦参丸、景天祛斑胶囊、清热暗疮丸、大黄䗪虫丸等。可根据症状配合前面 2 个证型的清热解毒去湿成药一起服用。

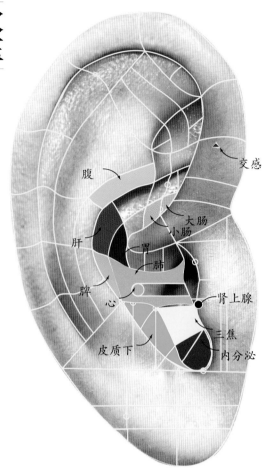

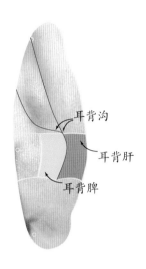

反射区耳穴贴压

❶ 交感　　**❺ 腹**

❷ 内分泌　**❻ 耳背脾**

❸ 肾上腺　**❼ 皮质下**

❹ 脾　　　**❽ 耳背沟**

敷贴方法：将王不留行籽贴在以上 8 个耳
反射区穴位上，留 1 ～ 2 天，每天按摩 2 ～ 3
次，每次 1 ～ 5 分钟。

❶ 胃　　　**❺ 三焦**

❷ 大肠　　**❻ 肝**

❸ 肺　　　**❼ 耳背肝**

❹ 心　　　**❽ 小肠**

敷贴方法：将绿豆贴在以上 8 个耳反射区
穴位上，留 1 ～ 2 天，每天按摩 2 ～ 3 次，
每次 1 ～ 5 分钟。

艾灸
理疗

理疗取穴

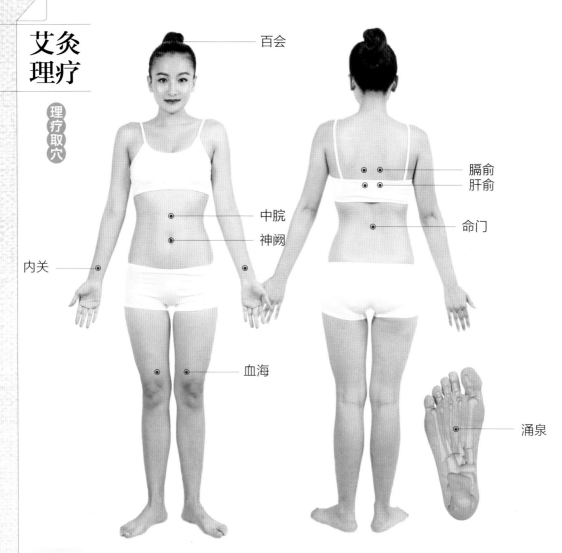

百会

膈俞
肝俞

中脘
神阙

命门

内关

血海

涌泉

神阙	位于腹中部，脐中央。
中脘	位于上腹部，前正中线上，当脐中上 4 寸。
命门	位于腰部，当后正中线上，第二腰椎棘突下凹陷中。
膈俞	位于背部，当第七胸椎棘突下，旁开 1.5 寸。
肝俞	位于背部，当第九胸椎棘突下，旁开 1.5 寸。
百会	位于头部，当前发际正中直上 5 寸，或两耳尖连线的中点处。
内关	位于前臂掌侧，当曲泽与大陵的连线上，腕横纹上 2 寸。
血海	屈膝，位于大腿内侧，髌底内侧端上 2 寸，当股四头肌内侧头的隆起处。
涌泉	位于足底部，蜷足时足前部凹陷处。

艾灸操作

1 艾灸 ▶ **神阙**
用艾条隔姜灸法灸治神阙穴 10 分钟。

2 艾灸 ▶ **中脘**
用艾盒温和灸法灸治中脘穴 15 分钟。

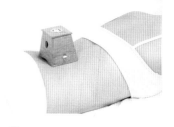

3 艾灸 ▶ **命门**
用艾盒温和灸法灸治命门穴 5 ~ 10 分钟。

4 艾灸 ▶ **膈俞**
用艾盒温和灸法灸治膈俞穴 5 ~ 10 分钟。

5 艾灸 ▶ **肝俞**
用艾盒温和灸法灸治肝俞穴 5 ~ 10 分钟。

6 艾灸 ▶ **百会**
用艾条回旋灸法灸治百会穴 5 ~ 10 分钟。

7 艾灸 ▶ **内关**
用艾条雀啄灸法灸治内关穴 5 ~ 10 分钟。

8 艾灸 ▶ **血海**
用艾条悬灸法灸治血海穴 5 ~ 10 分钟。

9 艾灸 ▶ **涌泉**
用艾条悬灸法灸治涌泉穴 5 ~ 10 分钟。

证 4: 肾阴阳失调

症见皮肤油腻，月经前后加重，痘痘多发，常伴腰腿酸软、月经稀少、体毛浓密、头发生长过快、体质虚胖等，舌质红、苔薄黄，脉数。

辨证方疗

单味中药补肾调内分泌

中药

熟地 10 克　　首乌 10 克　　灵芝 10 克　　当归 6 克

阿胶 10 克　女贞子 10 克　西洋参 10 克　冬虫夏草 5 克

墨旱莲 10 克　桑寄生 10 克　菟丝子 10 克　肉苁蓉 10 克

用法

以滋阴养血、补肾调经、调和阴阳为主，辅以疏肝理血、健脾行气。此证型受先天体质的影响比较大，自我调理主要在非经期，经期切忌自己用药。

四物汤经典调经美颜方

配方

熟地 12 克　当归 10 克　白芍 12 克　川芎 8 克

用法

将四种药材洗净沥干，放入药罐中，加水浸泡 15 分钟；加热药罐煮沸后，转中火续煮 15 分钟；关火，滤渣取汁。
①血热者要减少川芎的用量。
②虚寒体质者要用熟地，热性体质者用生地。
③既要滋补又要清热时，生地、熟地各一半。
④口干舌燥者加入玄参。
⑤爱上火又爱长痘者，需要服用有上凉下补作用的芩连四物汤。

常用成药

百消丹、六味地黄丸、归芍地黄丸、知柏地黄丸、杞菊地黄丸、麦味地黄丸、培坤丸、乌鸡白凤丸、益母草颗粒等。可根据症状配合清热解毒去湿、行气活血通络的成药一起服用。

耳穴贴压

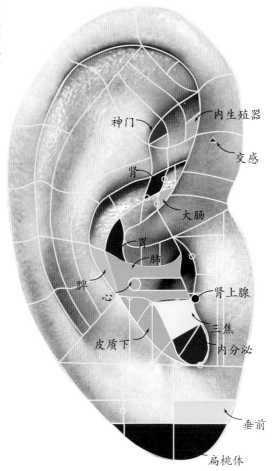

神门
内生殖器
交感
肾
大肠
胃
肺
脾
心
肾上腺
三焦
内分泌
皮质下
垂前
扁桃体

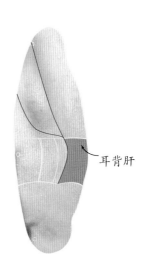

耳背肝

反射区耳穴贴压

❶ 神门	❺ 垂前	❶ 胃	❺ 三焦
❷ 交感	❻ 肾上腺	❷ 大肠	❻ 扁桃体
❸ 内生殖器	❼ 肾	❸ 肺	❼ 皮质下
❹ 内分泌	❽ 脾	❹ 心	❽ 耳背肝

敷贴方法： 将王不留行籽贴在以上 8 个耳反射区穴位上，留 1 ~ 2 天，每天按摩 2 ~ 3 次，每次 1 ~ 5 分钟。

敷贴方法： 将绿豆贴在以上 8 个耳反射区穴位上，留 1 ~ 2 天，每天按摩 2 ~ 3 次，每次 1 ~ 5 分钟。

按摩理疗

理疗取穴

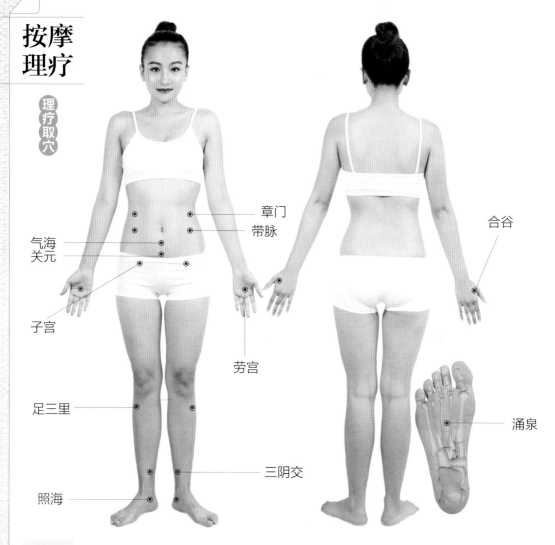

气海
关元
子宫
足三里
照海

章门
带脉
劳宫
三阴交

合谷
涌泉

关元、气海	位于下腹部，前正中线上，关元当脐中下3寸，气海当脐中下1.5寸。
子宫	位于下腹部，当脐中下4寸，中极旁开3寸。
章门、带脉	章门位于侧腹部，当第十一肋游离端的下方；带脉在章门下1.8寸，与脐水平。
合谷	位于手背，第一、二掌骨间，当第二掌骨桡侧的中点处。
劳宫	位于手掌心，当第二、三掌骨之间偏于第三掌骨，握拳屈指时中指尖处。
足三里	位于小腿前外侧，当犊鼻下3寸，距胫骨前缘一横指（中指）。
三阴交	位于小腿内侧，当足内踝尖上3寸，胫骨内侧缘后方。
照海	位于足内侧，内踝尖下方凹陷处。
涌泉	位于足底部，蜷足时足前部凹陷处。

按摩操作

1 按揉 ▶ **关元、气海**
用掌心按揉下腹部关元穴、气海穴所在位置5分钟。

2 按揉 ▶ **子宫**
将食指、中指并拢，按揉子宫穴2～3分钟。

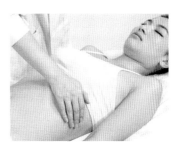

3 按揉 ▶ **章门、带脉**
用掌根按揉腰侧两穴所在位置3分钟。

4 掐按 ▶ **合谷**
用拇指指尖掐按合谷穴30次。

5 掐按 ▶ **劳宫**
用拇指指尖掐按劳宫穴30次。

6 按揉 ▶ **足三里**
用拇指指腹按揉足三里穴5分钟。

7 按揉 ▶ **三阴交**
用拇指指腹按揉三阴交穴5分钟。

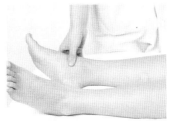

8 按揉 ▶ **照海**
用拇指用力按揉照海穴100～200次。

9 掐按 ▶ **涌泉**
用拇指指尖掐按涌泉穴30次。

艾灸
理疗

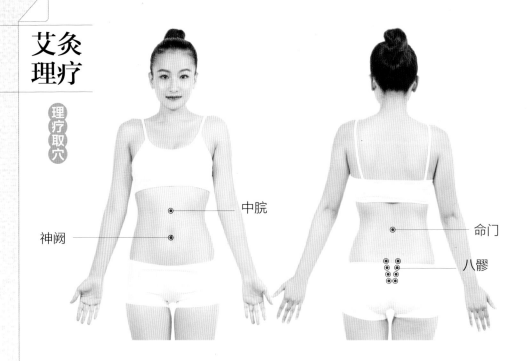

中脘

神阙

命门

八髎

神阙	位于腹中部，脐中央。
中脘	位于上腹部，前正中线上，当脐中上4寸。
命门	位于腰部，后正中线上，当第二腰椎棘突下凹陷中。
八髎	位于骶部，分为上髎、次髎、中髎、下髎，在第一、二、三、四骶后孔中。

艾灸操作

1 艾灸 ▶ 神阙、中脘

用艾盒温和灸法灸治神阙穴、中脘穴10分钟。

2 艾灸 ▶ 命门

用艾盒温和灸法灸治命门穴5 ~ 10分钟。

3 艾灸 ▶ 八髎

用艾盒温和灸法灸治八髎穴5 ~ 10分钟。